EXPÉRIENCES SUR LES ENGRAIS

APPLIQUÉS A LA CULTURE DE LA VIGNE

EXPÉRIENCES SUR LES ENGRAIS

APPLIQUÉS

A LA CULTURE DE LA VIGNE

PAR

Ed. ZACHAREWICZ

Professeur départemental d'agriculture

DE VAUCLUSE.

MONTPELLIER

CAMILLE COULET, LIBRAIRE-ÉDITEUR

Libraire de l'École nationale d'Agriculture

1894

EXPÉRIENCES

ENGRAIS APPLIQUÉS A LA CULTURE DE LA VIGNE

Peu de cultures sont aussi rémunératrices que celle de la vigne, et le département de Vaucluse, qui, comme bien d'autres, s'est vu à un moment donné sur le point d'en être privé, et cela juste au moment où on était obligé d'abandonner la culture de la garance, à cause du nouvel emploi de l'alizarine, n'a pu que s'en ressentir et voir sa richesse diminuer. Cependant les terrains qui contenaient la garance ont reçu diverses attributions : ainsi la culture maraichère y occupe chaque année une place de plus en plus importante, des prairies s'y sont créées et fournissent un fourrage abondant, la culture des fraises y devient presque une spécialité ; mais il nous semble que, si l'on veut revenir à l'ancienne prospérité, tous les efforts doivent se porter du côté de la vigne, afin que là où elle peut se faire, elle y soit faite rationnellement.

Le département n'a rien à envier au sujet de son sol aux départements viticoles du Midi ; par conséquent, maintenant qu'on est complètement certain de la résistance des vignes américaines, il n'y a qu'un pas à faire pour arriver à reconstituer ce qu'a détruit le phylloxéra. Un grand nombre de propriétaires du département l'ont si bien compris qu'ils n'ont pas hésité à replanter de suite leurs vignobles détruits. De beaux exemples seraient à signaler dans le département, mais je ne citerai entre tous que le vignoble de la Nerthe, reconstitué par la courageuse initiative de notre éminent président de la Société d'agriculture et d'horticulture, M. Ducos. Par ses soins assidus et par une volonté énergique, les coteaux de la Nerthe se trouvent, en effet, de nouveau reverdis et produisent le vin si renommé du temps jadis.

L'agriculteur s'est vu découragé un moment par la présence des maladies cryptogamiques qui ont sévi avec une intensité inouïe pendant plusieurs années, mais le remède au mal a été vite trouvé, et il ne dépendra plus que de lui de conserver sa récolte, et cela par des traitements faits au moment voulu. Il est certain que la reconstitution du vignoble nécessitera des soins nouveaux et mieux entendus que ceux qui étaient ordinairement donnés à la vigne avant sa disparition ; ce n'est d'ailleurs que dans ces conditions que la culture de la vigne est normale et peut être faite avec avantage. On ne devra pas, sauf dans quelques terrains privilégiés, replanter directement nos plants français, trop accessibles aux piqûres du phylloxéra, mais s'adonner à la culture des plants du Nouveau-Monde, et dans la plantation des vignes américaines ne pas négliger la question la plus importante à résoudre, l'adaptation du cépage au sol. Car il ne faut pas chercher autre part la source des insuccès, toutes les variétés américaines ne venant pas également dans tous les sols, et chacune d'elle exigeant pour bien se développer tels ou tels éléments.

Nous pouvons adopter pour les terrains vignobles du département la classification en trois catégories que M. Marès a donnée, pour les vignobles du Midi de la France :

1° Sols d'alluvions riches formés par les rivières ;
2° Sols de plaines sans rivières ;
3° Sols de coteaux.

Les premiers sont ordinairement riches et profonds et se rencontrent un peu partout dans le département, mais les plus importants sont ceux formés par les dépôts successifs du Rhône et de la Durance. Ces terrains sont très productifs, à la condition toutefois que l'on fasse choix de plants à grande production.

Les seconds forment la généralité des sols du département et sont composés en général de terre argilo-calcaire, rougeâtre, mélangée dans beaucoup d'endroits à des cailloux roulés. Ces sols portent dans le département le nom de garrigues. Ces terrains, tout en donnant des productions assez élevées, fournissent en même temps des vins de première qualité.

Les troisièmes, peu profonds, sont ordinairement secs et formés de cailloux roulés en majeure partie. Ce qui n'empêche pas que la vigne y vienne très bien et y donne encore des productions rémunératrices.

Aujourd'hui, les vignobles reconstitués dans ces différents terrains sont l'objet de soins assidus, et la principale préoccupation pour le moment est celle des fumures à leur appliquer, car la vigne ne trouve pas indéfiniment dans le sol les éléments nutritifs. Si donc on veut obtenir continuellement des rendements rémunérateurs et maintenir un sol en bon état de fertilité, il faut lui apporter non seulement les principes fertilisants que cette culture lui enlève chaque année, mais ceux qui lui font défaut ou y sont en faible proportion. On y arrive au moyen des engrais.

L'engrais, a dit M. Dehérain, est la matière utile à la plante qui manque au sol.

La vigne, comme tout végétal, exige pour se développer divers éléments qu'elle emprunte à l'air, à l'eau et au sol. Ceux qu'elle emprunte à l'air et à l'eau sont : l'hydrogène, l'oxygène, le carbone et l'azote.

L'assimilation des trois premiers n'est plus discutée, mais il n'en est pas de même de celle de l'azote. On se demande encore si ce gaz peut être absorbé à l'état libre par les feuilles des plantes.

Il n'est établi que depuis peu, d'après les expériences concordantes de MM. Hellriegel et Wilfarth en Allemagne, par celles de M. Berthelot à Meudon, par celles de Bréal au Muséum, par celles de MM. Lawes et Gilbert à Rothamsted, et enfin par celles de M. Laurent à la Sorbonne, que les légumineuses fixent l'azote libre de l'atmosphère, grâce à l'existence sur les racines de nodosités de nature microbienne.

On sait, d'autre part, d'après les recherches de MM. Schlœsing et Dehérain en France, de Lawes, Gilbert et Warington en Angleterre, que les terres reçoivent de l'atmosphère des apports d'azote nitrique et am-

moniacal par les eaux de rosée et de pluie ; mais il ne faudrait pas trop
en tenir compte, à cause, comme l'a démontré M. Dehérain, de la
disparition de ces réserves par les pluies d'hiver. Par conséquent, nous
pouvons dire que la vigne tire surtout l'azote qui est nécessaire à sa
végétation des matières azotées contenues dans le sol, ces matières se
nitrifiant sous l'influence d'un ferment nitrificateur récemment décou-
vert par MM. Schlœsing et Müntz, qui transforme rapidement les sels
ammoniacaux et les matières organiques azotées en azote nitrique. C'est
sous cette dernière forme que la vigne peut absorber l'azote.

Les autres éléments qu'elle emprunte au sol sont au nombre de dix,
savoir : le potassium, le phosphore, le calcium, le magnésium, le so-
dium, le soufre, le chlore, le silicium, le fer et le manganèse. La plu-
part s'y trouvent dans des proportions plus ou moins considérables, et
on n'a guère besoin de s'en occuper ; mais il n'en est pas de même des
quatre éléments azote, potasse, acide phosphorique et chaux, que nous
appellerons *éléments essentiels* et que tout sol devra contenir dans des
proportions assez élevées pour que la vigne puisse s'y développer et
fructifier normalement.

On a calculé les quantités de ces derniers enlevés au sol par les
récoltes de différents cépages, et nous donnons ci-après diverses appré-
ciations.

La consommation annuelle en azote, potasse et acide phosphorique
serait, d'après les résultats obtenus par M. Boussingault, pour une vigne
du Bas-Rhin :

	Azote.	Potasse.	Acide phosphorique.
Vin, 33 hectolitres par hectare contenant.	0 k. 66	7 k. 10	2 k. 05
Marc séché à l'air, 290 kilog. par hectare.	2 67	2 73	1 33
Sarments.........................	1 66	6 78	7 29
Totaux.................	4 k. 99	16 k. 61	3 k. 91

D'après M. Audoynaud, une récolte de 100 hectolitres de vin enlève
au sol :

Azote.................	24 kilog.
Potasse.................	32 —
Acide phosphorique.....	20 —

D'après M. Marès, une récolte d'Aramon dans l'Hérault enlèverait au
sol :

	Azote	Potasse.	Acide phosphorique.
120 hectolitres de vins............	2 k. 40	12 k. 80	5 k. »
1680 kil. de marcs de raisins.......	15 42	7 76	2 »
3160 kil. sarments verts...........	3 41	3 95	2 »
Totaux.............	21 k. 23	23 k. 71	9 k. »

Dans ces résultats donnés par ces différents auteurs, les matières
fertilisantes des feuilles ne sont pas comprises, ce qui fait qu'ils ne
representent pas d'une manière suffisante les exigences de la vigne.

Voici, en effet, la quantité d'éléments enlevés par 1033 kilogr. de feuilles produites par hectare donnée par M. Foëx :

                Azote.................... 24 k. 264
                Potasse................. 4   032
                Acide phosphorique..... 14   815

D'autre part si nous prenons la moyenne des analyses faites sur 10 vignobles de l'Hérault, par Müntz, nous voyons que 1654 kilos de feuilles sèches contiennent :

                Azote. .... 32 k. 46
                Acide phosphorique..... 6   02
                Potasse................ 15   07

Comme on le voit, ces quantités ne sont pas négligeables et doivent entrer en ligne de compte dans l'évaluation des éléments enlevés au sol.

D'après M. Péneau, une récolte de 20 hectolitres de vin obtenue dans le Cher exigerait en éléments fertilisants :

                Azote... .... 54 k. »
                Potasse.................. 25   9
                Acide phosphorique...... 6   8

D'après M. Joulie, qui a soumis à l'analyse toute la pousse de l'année, pampres et feuilles :

	Dans 1000 k. de matière desséchée à 100°.			
	Azote.	Ac. phosph.	Chaux.	Potasse.
Alicante-Bouschet, greffé sur Riparia (6 ans de greffe)...............	26 k. 32	4 k. 84	32 k. 6	9 k. 19
Petit-Bouschet, greffé sur Riparia (4 ans de greffe)	27 22	4 37	35 47	7 28
Jacquez...............................	30 00	5 45	28 54	19 85

D'après MM. Müntz et Girard, une production de 50 hectolitres de vins exigerait, en principes fertilisants, la quantité exprimée par les chiffres ci-dessous :

	Azote.	Ac. phos.	Potasse.	Chaux.	Magnésie
Dans 50 hect. de vin....	1 k. 00	1 k. 50	5 k. 00	1 k. 00	1 k. 00
750 kil. de marcs..	7 50	2 25	3 75	3 75	0 75
3000 kil. de feuilles.	24 00	4 80	8 40	72 00	8 40
3000 kil. de sarments	6 00	1 20	9 00	15 50	2 40
Totaux..........	38 50	9 75	26 15	92 25	12 55

Pour calculer combien il faut apporter d'engrais sur un sol dont on connaît l'analyse, on peut, par exemple, suivre la marche donnée par M. Joulie, dans son livre *Les engrais*. Bien que les résultats obtenus ne soient qu'approximatifs, ils peuvent, dans une certaine mesure, aider à l'emploi des éléments fertilisants. D'après les résultats trouvés par les divers auteurs que nous venons de citer au sujet des principes enlevés chaque année par la vigne, on peut voir qu'ils varient dans des proportions assez notables ; par conséquent, on est bien embarrassé lorsqu'on veut calculer les formules à appliquer à chaque terrain, la proportion de ces principes pouvant varier suivant l'âge de la souche, sa nature, le sol où elle se trouve, le climat et les années. Cependant, comme nous avons voulu suivre une méthode raisonnée pour les champs d'expériences qui ont trait à la question des engrais et que nous allons développer à la suite, les engrais ont été calculés en tenant compte de la quantité d'éléments qui sont enlevés au sol par une récolte de 50 hectolitres à l'hectare, d'après MM. Müntz et Girard.

Nous savons, d'après **M.** Joulie, qu'une terre est convenablement fertile lorsqu'elle donne à l'analyse, à l'hectare, dans 0^m20 d'épaisseur :

Acide phosphorique......	1 k. 0	$^o/_{oo}$	4.000 kilos.	
Potasse.................	2	5	—	10.000 —
Azote...................	1	0	—	4 000 —
Chaux...	50	0	—	200.000 —

Les résultats d'analyse de nos champs d'expériences n'ayant pas accusé cette teneur, pour calculer les quantités contenues à l'hectare dans 0^m20 d'épaisseur nous avons pris comme moyenne de densité 2 kil. Il suffit ensuite de les rapprocher de la composition type du sol que nous avons donnée pour la bonne terre pour voir les éléments à importer sous forme d'engrais, et cela par le calcul suivant :

4,000 kilos d'azote de la terre type peuvent fournir 38 k. 5 de cet élément pour une récolte de 50 hectolitres ; la terre de Lafajou, par exemple, qui en contient 2,323 kilos ne pourra fournir dans les mêmes conditions que $\dfrac{2.328 \times 38,5}{4.000} = 22$ k. 3. Or, cette quantité d'azote ne peut donner qu'une récolte inférieure à 50 hectolitres ; si donc l'on veut amener cette terre à cette dernière production, il faut lui donner un supplément d'azote égal à la différence entre la quantité nécessaire et la quantité existante, soit $38,5 - 22,3 = 16$ k. 2. Comme on ne vise pas exclusivement à obtenir le maximum de production mais à enrichir le sol, il faut y apporter au moins trois fois plus de matières que ce qu'en enlève la récolte. Il n'en serait pas ainsi si, après l'enlèvement des raisins, il restait sur le sol soit les feuilles, soit les sarments, soit le marc; mais ces cas de restitution sont bien rares. Il peut bien rester quelques feuilles sur le sol, mais la plus grande partie est emportée par les vents et va féconder soit les fossés qui bordent les routes, soit les haies qui environnent le vignoble ; les sarments sont emportés et ordinairement vendus, peu de propriétaires mettant en pratique le broyage, qui a pour but de les faire servir de fumure et qui est une opération à conseiller. Il en est de même du marc, qui, le plus souvent, est vendu au distillateur et quitte ainsi la propriété, au lieu d'y être apporté seul ou mélangé avec le fumier de ferme ou y être consommé par les animaux. Aussi ce n'est donc que très rarement que l'on a à restituer au sol la quantité d'éléments enlevés seulement par le vin.

Nous nous sommes peut-être un peu trop attardés à cette dissertation, mais nous l'avons jugé nécessaire dans l'intérêt du cultivateur, pour expliquer le rôle important des fumures et ce qui nous avait conduit à entreprendre nos expériences intéressantes sur ce sujet, expériences que nous a permis de faire une partie de la subvention que le gouvernement de la République met chaque année à la disposition de la Société.

Nous avons fait en sorte de créer des champs dans divers terrains du département; c'est ainsi qu'il en a été créé deux chez **M.** Ricard dans les alluvions du Rhône à Mornas, deux dans les diluvions des terrasses (époque quaternaire), dont l'un au Pontet, chez M Renouvier, et l'autre au Bois des Dames, commune de Violès, chez M. Aucompte, et enfin deux chez M. Tacussel Alexandre, à Vaucluse, dans des terrains d'origine crétacée. Ces Messieurs se sont fait un plaisir de nous céder leur terrain et de nous seconder activement; il n'est que juste de les en remercier.

Le but que nous poursuivons en créant nos champs d'expériences peut se résumer en ceci : *Quelles sont les matières chimiques qui donnent les meilleurs résultats pour la culture de la vigne dans les différents sols du département, et sous quelle forme faut-il les employer ?*

Nous savons, en effet, que l'azote peut être apporté au sol sous forme de nitrate de potasse, de nitrate de soude, de sulfate d'ammoniaque et d'azote organique ; que la potasse peut être apportée sous forme de nitrate de potasse, de chlorure de potassium, de sulfate de potasse et de carbonate de potasse, et enfin que l'acide phosphorique est ordinairement apporté sous la forme de superphosphate de chaux.

Jusqu'ici on n'est pas encore bien fixé sur les mélanges à opérer de ces divers sels avec le plus de certitude pour obtenir le maximum de résultats. D'aucuns préfèrent la potasse sous la forme de chlorure, d'autres sous la forme de sulfate, d'autres encore sous la forme de carbonate ou de nitrate. Pour l'azote, il en est de même : on ne sait si c'est sous la forme de nitrate, d'ammoniaque ou à l'état organique qu'il faut l'employer. C'est pour cela que nous avons mis diverses formules en parallèle, qu'on trouvera dans les tableaux annexés à chaque champ.

Les sels qui nous ont servi à nos champs d'expériences répondent à la composition suivante :

Tableau **A.**

DÉSIGNATION DES ENGRAIS	PRINCIPES CONTENUS DANS 100 PARTIES A L'ÉTAT NORMAL					PRIX des 100 kilos
	AZOTE			ACIDE phosphorique assimiliable [1]	POTASSE	
	organique	ammonia-cal	nitrique			
Nitrate de soude..............	......	......	15	......	......	27 fr.
Sulfate d'ammoniaque........	......	20	......	......	......	35 »
Nitrate de potasse..........	.....	......	13	......	43	49 »
Chlorure de potassium........	......	......	......	......	50	23 »
Sulfate de potasse..........	......	......	......	......	50	27 »
Carbonate de potasse.........	......	......	......	......	55	49 »
Superphosphate de chaux.....	......	......	......	13	......	9 »
Tourteau de sésame sulfuré...	6.5	......	......	2 [2]	2	12 »
Plâtre.....................	......	......	......	......	......	1.2 »
Tourteau de maïs...........	5.0	......	......	......	......	9 »

(1) C'est-à-dire soluble dans le citrate d'ammoniaque alcalin et à froid.
(2) Acide phosphorique total.

Nous avons eu soin, une fois les fumures appliquées, de laisser à chaque propriétaire des champs d'expériences un tableau sur lequel nous avions marqué les faits à observer.

Nous allons passer maintenant en revue chaque champ, avec les résultats qui ont été obtenus pendant les quatre années qu'ont duré les expériences.

Champ d'expériences de la vigne dite terre de Lafajou

Directeur : M. Aucompte, gérant.

Ce champ d'expérience, situé en terrain caillouteux, a été divisé en 18 carrés, contenant chacun 100 souches, 10 sur 10, avec un écartement de 1m50. Chaque carré est entouré, comme l'indique le plan ci-joint, par une rangée de souches non fumées. Ces carrés ont été pris au milieu de deux hectares en plein rapport, présentant une végétation régulière et ayant reçu l'année dernière une fumure au fumier de ferme de 20,000 kil. à l'hectare.

Le cépage mis en expérience était l'alicante ou grenache, greffé sur riparia depuis six ans.

L'analyse de la couche arable a donné la composition suivante :

Analyse physique.

Eau	19 k.	294
Terre fine	506	116
Pierres	474	500
	1.000	006

Sable	381 k.	00	par 1.000 de terre fine.
Argile	588	50	—
Calcaire	12	50	—
Humus	18	00	—

Analyse chimique.

	Dans 1 k. de terre sèche.	A l'hectare, dans une couche de 0m20 d'épaisseur.
Azote	0 582	2.328 kilog.
Acide phosphorique	0.630	2.520 —
Potasse	1.030	4.120 —
Chaux	7.120	57.008 —
Fer et alumine	50.000	200.000 —

PLAN DU CHAMP D'EXPÉRIENCES DE LA VIGNE DITE TERRE DE LAFAJOU

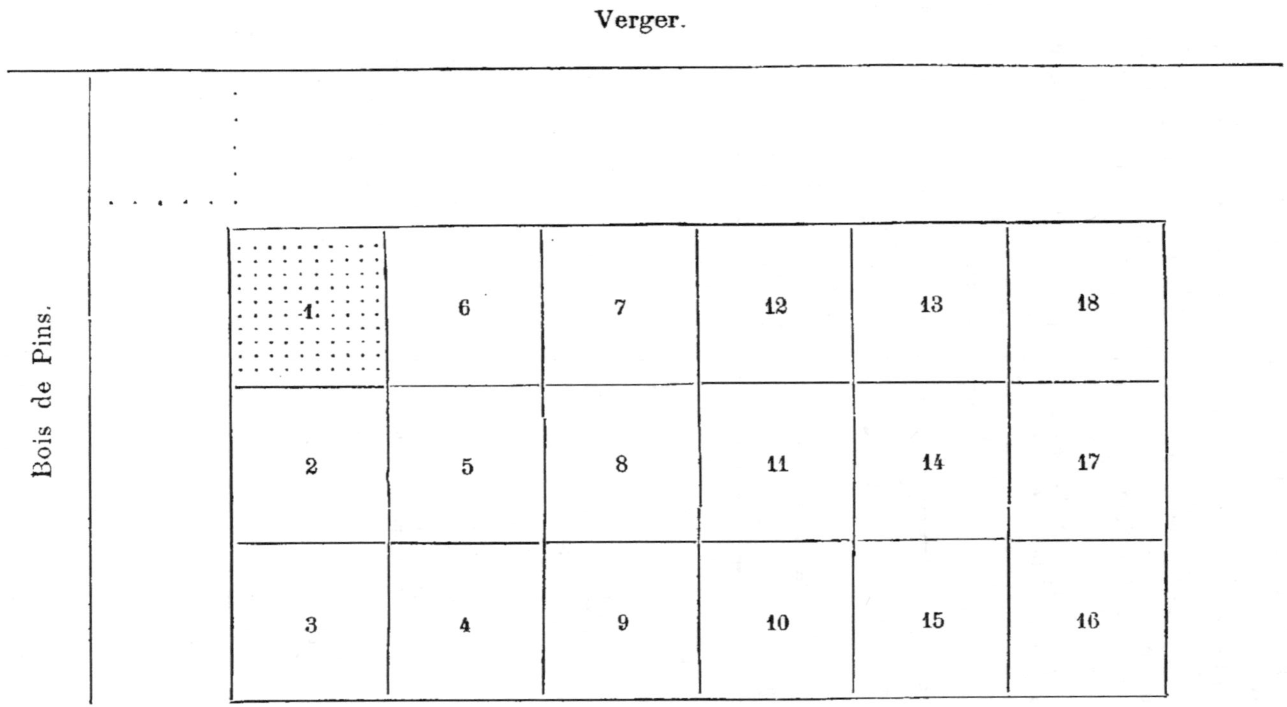

Verger.

Ces analyses nous indiquent que le sol est de nature argilo-siliceuse, pauvre en azote, en acide phosphorique, et moyennement riche en potasse.

Les engrais ont été répandus le 6 mars en couverture. excepté dans le carré 18, où ils ont été mis après le déchaussement des souches, afin de nous assurer lequel des deux modes de fumure donnerait le meilleur rendement, ce carré ayant reçu le même engrais que le carré 1. L'enfouissement a eu lieu aussitôt l'épandage fini au moyen de la charrue vigneronne.

Les formules employées sur chaque carré et le prix par hectare se trouvent dans le tableau B.

TABLEAU B.

NUMÉROS DES CARRÉS	FUMURES EMPLOYÉES				
	NATURE DES ENGRAIS	POIDS par parcelle	POIDS par hectare	PRIX des 100 kilos	COUT DE LA FUMURE par hectare
1	Nitrate de soude	8 k 67	344 k 66	27 f. »	93 59
	Chlorure de potassium	8 60	344 »	23 »	79 12
	Superphosphate de chaux	10 »	400 »	9 »	36 »
	Plâtre	12 50	500 »	6 »	30 »
					238 71
2	Nitrate de soude	8 67	346 66	27 »	93 59
	Sulfate de potasse	7 80	307 14	27 »	82 92
	Superphosphate de chaux	10 »	400 »	9 »	36 »
	Plâtre	12 50	500 »	6 »	30 »
					242 51
3	Nitrate de soude	8 67	346 66	27 »	93 59
	Carbonate de potasse	7 68	312 72	49 »	153 13
	Superphosphate de chaux	10 »	400 »	9 »	36 »
	Plâtre	12 50	500 »	6 »	30 »
					312 72
4	Nitrate de potasse	10 »	400 »	49 »	196 »
	Superphosphate de chaux	10 »	400 »	9 »	36 »
	Plâtre	12 50	500 »	6 »	30 »
					262 »
5	Sulfate d'ammoniaque	6 50	260 »	35 »	91 »
	Chlorure de potassium	8 60	344 »	23 »	79 12
	Superphosphate de chaux	10 »	400 »	9 »	36 »
	Plâtre	12 50	500 »	6 »	30 »
					236 12
6	Sulfate d'ammoniaque	6 50	260 »	35 »	91 »
	Sulfate de potasse	7 68	307 14	27 »	82 92
	Superphosphate de chaux	10 »	400 »	9 »	36 »
	Plâtre	12 50	500 »	6 »	30 »
					239 92
7	Sulfate d'ammoniaque	6 50	260 »	35 »	91 »
	Carbonate de potasse	7 80	312 72	49 »	153 13
	Superphosphate de chaux	10 »	400 »	9 »	36 »
	Plâtre	12 50	500 »	6 »	30 »
					310 13
8	Tourteau de sésame	20 »	800 »	12 »	96 »
	Chlorure de potassium	7 80	312 »	23 »	71 76
	Superphosphate de chaux	6 90	276 92	9 »	24 92
	Plâtre	12 50	500 »	6 »	30 »
					222 78

TABLEAU **B** (*Suite*).

NUMÉROS DES CARRÉS	NATURE DES ENGRAIS	POIDS par parcelle.	POIDS par hectare.	PRIX des 100 kilos	COUT DE LA FUMURE par hectare.	
9	Tourteau de sésame.........	20 k »	800 k »	12 f.»	96 f »	
	Sulfate de potasse	6 96	278 57	27 »	75 21	
	Superphosphate de chaux....	6 90	276 92	9 »	24 92	226f13
	Plâtre...................	12 50	500 »	6 »	30 »	
10	Tourteau de sésame.........	20 »	800 »	12 »	96 »	
	Carbonate de potasse.......	7 10	283 63	49 »	133 97	
	Superphosphate de chaux...	6 90	276 92	9 »	26 92	289 89
	Plâtre...................	12 50	500 »	6 »	30 »	
11	Témoin.					
12	Chlorure de potassium......	8 60	344 »	23 »	79 12	
	Superphosphate de chaux....	10 »	400 »	9 »	36 »	145 12
	Plâtre...................	12 50	500 »	6 »	30 »	
13	Sulfate de potasse..........	7 68	307 14	27 »	82 92	
	Superphosphate de chaux....	10 »	400 »	9 »	36 »	148 92
	Plâtre...................	12 50	500 »	6 »	30 »	
14	Carbonate de potasse	7 80	312 72	49 »	153 13	
	Superphosphate de chaux...	10 »	400 »	9 »	36 »	219 13
	Plâtre...................	12 50	500 »	6 »	30 »	
15	Nitrate de soude.	8 67	346 66	27 »	93 59	93 59
16	Sulfate d'ammoniaque......	6 50	260 »	35 »	91 »	91 »
17	Tourteau de sésame.........	20 »	800 »	12 »	96 »	96 »
18	Nitrate de soude............	2 67	346 66	27 »	93 59	
	Chlorure de potassium......	8 60	344 »	23 »	79 12	
	Superphosphate de chaux....	10 »	400 »	9 »	36 »	238 71
	Plâtre...................	12 50	500 »	6 »	30 »	

Rien d'anormal au sujet de la végétation des carrés ne nous a été signalé.

Toutes les souches ont été traitées deux fois à la bouillie bordelaise, à 2 p. 0/0 de sulfate de cuivre et de chaux, en vue du mildiou ; le premier traitement a été fait le 30 avril et le deuxième le 24 juin. Ces traitements n'ont pas été répétés, le mildiou n'ayant pas fait cette année son apparition sur ce vignoble.

Les résultats des expériences sont consignés dans le tableau C.

TABLEAU C.

NUMÉROS DES CARRÉS	DATES				DATE	POIDS des raisins		RICHESSE du moût		POIDS des sarments		CLASSEMENT DES CARRÉS		
	du débourrement	de la floraison	de la véraison	de la maturité	de la vendange	par carré	par hectare	en sucre	alcool correspondant	par carré	par hectare	d'après le rendement par hectare.	d'après la richesse du moût	d'après le poids des sarments
1	2 Mars	3 Juin	19 Août	16 Sept.	22 Sept.	75 k	3.333 k »	19 1/4	12 1/2	18 k »	799 k 92	9	6	8
2	»	»	»	»	»	107	4.755 »	22 1/2	14 1/2	20 »	888 80	3	1	5
3	»	»	»	»	»	120	5.432 80	17	11	20 50	911 02	2	9	3
4	»	»	»	»	»	131	5.821 64	20	13	20 »	888 80	1	4	5
5	»	»	»	»	»	92	4.088 48	20	13	19 »	844 36	5	4	6
6	»	»	»	»	»	73	3.244 12	22 1/4	14 1/4	21 40	937 68	10	2	1
7	»	»	»	»	»	47	2.088 68	19 1/4	12 1/2	18 »	799 92	14	7	8
8	»	»	»	»	»	80	3.552 »	22 1/2	14 1/2	16 50	732 28	8	1	9
9	»	»	»	»	»	89	3.955 16	17	11	21 »	933 24	6	9	2
10	»	»	»	»	»	97	4.300 68	17 1/2	11 1/2	20 30	902 13	4	8	4
11	»	»	»	»	»	57	2.522 08	22 1/2	14 1/2	19	844 36	12	1	6
12	»	»	»	»	»	47	2.088 68	20	13	18	799 92	14	4	8
13	»	»	»	»	»	37	1.633 28	21 3/4	14	11	488 84	15	3	12
14	»	»	»	»	»	50	2.222 20	19 1/2	12 1/2	15 20	675 48	13	5	10
15	»	»	»	»	»	82	3.644 08	19	12	18 20	808 80	7	7	7
16	»	»	»	»	»	73	3.204 12	20	13	18	799 92	10	4	8
17	»	»	»	»	»	62	2.755 28	19 1/4	12 1/2	14	622 16	11	6	11
18	»	»	»	»	»	50	2.222 02	13	13	18	799 92	13	4	8

Comme on peut le voir par ce tableau, la parcelle 4, qui contient du nitrate de potasse, du superphosphate de chaux et du plâtre, occupe le premier rang comme rendement. Puis vient la parcelle 3, qui contient du nitrate de soude, du carbonate de potasse, du superphosphate de chaux et du plâtre ; puis la parcelle 2, qui contient du nitrate de soude, du sulfate de potasse, du superphosphate de chaux et du plâtre ; puis la parcelle 10, qui contient du tourteau de sésame, du carbonate de potasse, du superphosphate de chaux et du plâtre.

Mais il peut se faire que ce classement puisse changer si on tient compte du prix de la fumure ; c'est ce que va nous apprendre le tableau D.

Tableau D.

NUMÉROS DES CARRÉS	POIDS de LA RÉCOLTE	VALEUR EN ARGENT de la récolte à 30 fr. les 100 kilos	PRIX de LA FUMURE	REVENU NET par hectare	CLASSEMENT DES CARRÉS	EXCÉDENT EN ARGENT de la RÉCOLTE par rapport au témoin
	k.	fr.	fr.	fr.		fr.
1	3.333 »	999 »	238 71	750 29	11	— 0 33
2	4.755 08	1.426 50	242 51	1.183 99	3	427 37
3	5.432 80	1.629 84	312 72	1.317 12	2	560 50
4	5.821 64	1.646 49	262 »	1.384 49	1	627 87
5	4.088 48	1.225 54	236 12	989 42	5	232 80
6	3.244 12	973 23	249 92	723 31	13	— 33 31
7	2.088 68	626 60	310 13	315 47	18	— 441 15
8	3.552 »	1.065 56	222 78	842 78	9	86 16
9	3.955 16	1.086 04	226 13	859 91	7	— 103 29
10	4.300 68	1.290 20	289 90	900 21	6	143 59
11	2.522 08	756 62		756 62	10	
12	2.088 68	626 60	145 12	480 48	14	— 276 14
13	1.633 28	489 98	148 92	341 06	17	— 415 56
14	2.222 »	666 60	219 13	447 47	15	— 309 15
15	3.644 08	1.093 22	93 59	999 63	4	243 01
16	3 134 12	940 23	91 »	849 23	8	92
17	2.755 28	826 58	96 »	730 58	12	— 26 04
18	2.222 »	666 60	312 72	353 88	16	— 402 74

Nous voyons, d'après ce tableau, que les carrés 4, 3, 2 conservent le même rang, tandis que le carré 10, qui occupait le quatrième rang, ne vient qu'au sixième. C'est le carré 15 qui a pris sa place, le prix de la fumure étant très minime, 93 fr. 50, puisque ce carré n'a reçu que du nitrate de soude.

Si, d'autre part, nous regardons l'excédent en argent de la récolte par rapport au témoin, nous constatons que les formules qui contiennent l'azote sous forme de nitrate ont donné les meilleurs résultats ; puis vient la formule au sulfate d'ammoniaque mis en présence du chlorure de potassium, du superphosphate de chaux et du plâtre ; puis le tourteau de sésame. Les autres formules ont donné des rendements inférieurs au témoin, surtout celles où l'azote fait défaut.

Enfin, en mettant en parallèle le carré fumé au pied des souches avec celui fumé en couverture, on s'aperçoit que c'est ce dernier procédé qui a donné les rendements les plus élevés.

Nous pouvons donc conclure de ces premières expériences :

1° Que l'azote nitrique a donné les plus beaux rendements comme récolte et comme argent ; que c'est sous la forme de nitrate de potasse qu'on doit lui donner la préférence.

2° Que la potasse a produit les meilleurs effets sous la forme de nitrate de potasse, puis sous la forme de carbonate, et enfin sous celle de sulfate pour ce qui concerne le rendement en argent ; mais il n'en est pas de même par rapport à la richesse en sucre du moût ; c'est le sulfate de potasse qui vient d'abord, tandis que le nitrate de potasse occupe le quatrième rang et le carbonate de potasse le neuvième. De même, par rapport au poids des sarments, c'est encore le sulfate de potasse du carré 6 qui occupe le premier rang, et du carré 9 le deuxième, le carbonate de potasse des carrés 4 et 10 qui occupent le troisième et quatrième rang, enfin, le nitrate de potasse qui occupe le cinquième rang.

3° Que les engrais complets arrivent pour tout en première ligne, et que c'est aux formules 4, 3, 2, contenant, la première :

> Nitrate de potasse,
> Superphosphate de chaux,
> Plâtre ;

la deuxième :

> Nitrate de soude,
> Carbonate de potasse,
> Superphosphate de chaux,
> Plâtre ;

et la troisième :

> Nitrate de soude,
> Sulfate de potasse,
> Superphosphate de chaux,
> Plâtre,

qu'on devra recourir, se réservant toutefois de choisir l'une ou l'autre selon que l'on désirera la quantité ou la richesse en sucre.

Champ d'expériences du Bois des Dames.

Directeur : M. Aucompte, propriétaire.

Ce champ a été créé dans un sol très caillouteux et est compris dans une vaste surface de terrain autrefois plantée en vignes, aujourd'hui se reconstituant graduellement chaque année par les cépages américains. Il nous a donné à l'analyse la composition suivante :

Analyse physique.

Eau.............	31 k.	550
Terre fine.......	350	450
Pierre..........	618	000
	1000	000

Sable..........	375	00	pour 1000 de terre fine
Argile..........	587	98	—
Calcaire........	17	50	—
Humus..........	10	52	—

Analyse chimique.

	Dans 1 k. de terre sèche.	A l'hectare, dans une couche de 0ᵐ,20 d'épaisseur.
Azote...................	0.620	2.480 kilog.
Acide phosphorique...	0.885	3.540 —
Potasse...............	1.550	6.200 —
Chaux................	9.800	39.200 —
Fer et alumine....... .	100.000	400.000 —

D'après ces résultats, nous voyons que ce sol est argilo-siliceux, pauvre en azote et moyennement riche en potasse et acide phosphorique.

La surface sur laquelle nous avons essayé nos engrais a été divisée en 15 parcelles de forme rectangulaire, renfermant 100 souches, 5 sur 20 ; les parcelles sont séparées par une rangée de souches, qui n'a pas reçu d'engrais comme l'indique le plan ci-joint.

Cette vigne a été plantée dès le commencement en jacquez, que l'on avait distancés de 2ᵐ, 25 dans un sens et de 3 mètres dans l'autre ; en 1889, on a mis dans le grand espace des riparias racinés, qui se trouvent ainsi à 1ᵐ, 50 des jacquez ; ce qui fait que nos parcelles renferment 50 souches de jacquez de 6 ans, et 50 souches de riparias, qui seront greffées cette année.

Les formules d'engrais apportées dans les parcelles sont consignées avec leur prix par hectare dans le tableau E.

PLAN DU CHAMP D'EXPÉRIENCES DU BOIS DES DAMES

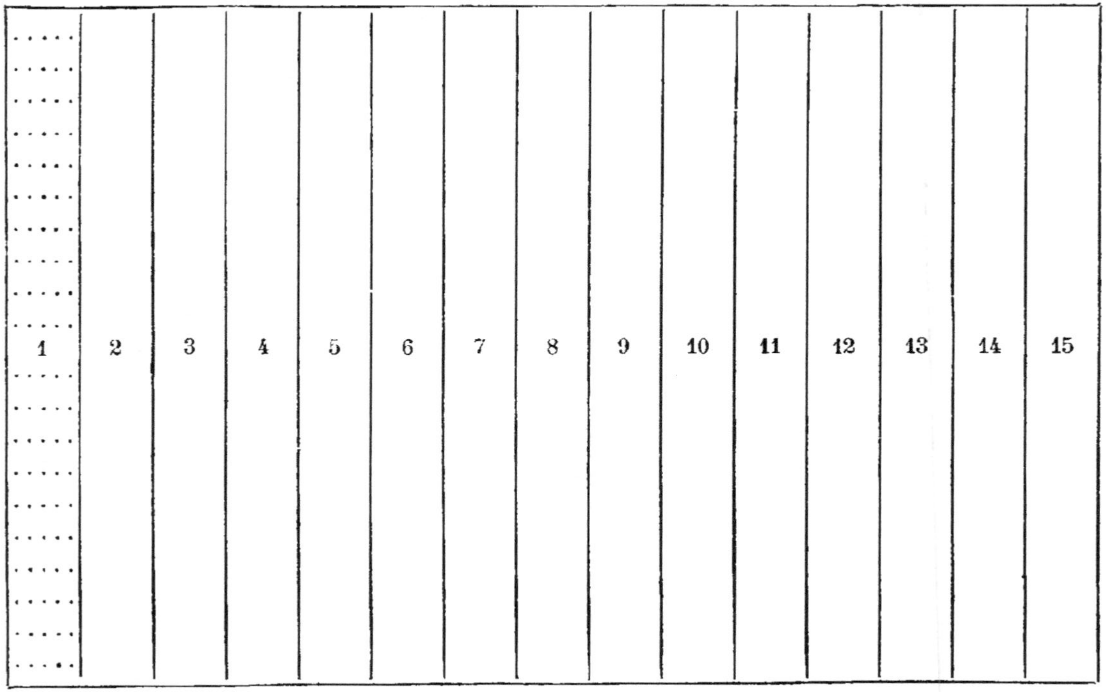

TABLEAU E.

NUMÉROS DES CARRÉS	NATURE DES ENGRAIS	POIDS par parcelle	POIDS par hectare	PRIX des 100 kilos	COUT DE LA FUMURE par hectare	
1	Nitrate de soude............	7 k 41	329 k 33	27 f. »	88 f 91	
	Chlorure de potassium......	7 35	326 80	23 »	76 15	224 f 07
	Superphosphate de chaux....	9 »	400 »	9 »	36 »	
	Plâtre................	9 »	400 »	6 »	24 »	
2	Nitrate de soude............	7 41	329 33	27 »	88 91	
	Sulfate de potasse..........	6 56	291 78	27 »	78 78	227 69
	Superphosphate de chaux...	9 »	400 »	9 »	36 »	
	Plâtre................	9 »	400 »	6 »	24 e	
3	Nitrate de soude............	7 41	329 33	27 »	88 91	
	Carbonate de potasse........	6 68	297 09	49 »	145 57	294 48
	Superphosphate de chaux....	9 »	400 »	9 »	36 »	
	Plâtre................	9 »	400 »	6 »	24 »	
4	Nitrate de potasse..........	8 55	380 »	49 »	186 20	
	Superphosphate de chaux....	9 »	400 »	9 »	36 »	246 20
	Plâtre................	9 »	400 »	6 »	24 »	
5	Sulfate d'ammoniaque......	5 55	247 »	35 »	86 45	
	Chlorure de potassium......	7 35	326 »	23 »	75 16	221 61
	Superphosphate de chaux....	9 »	400 »	9 »	36 »	
	Plâtre................	9 »	400 »	6 »	24 »	
6	Sulfate d'ammoniaque......	5 55	247 »	35 »	86 45	
	Sulfate de potasse..........	6 55	291 18	27 »	78 78	225 23
	Superphosphate de chaux...	9 »	400 »	9 »	36 »	
	Plâtre................	9 »	400 »	6 »	24 »	
7	Sulfate d'ammoniaque......	5 55	247 »	35 »	86 45	
	Carbonate de potasse........	6 68	297 09	49 »	145 57	292 02
	Superphosphate de chaux...	9 »	400 »	9 »	36 »	
	Plâtre................	9 »	400 »	6 »	24 »	
8	Tourteau de sésame........	17 10	760 »	12 »	91 20	
	Chlorure de potassium......	6 64	255 »	23 »	68 17	208 84
	Superphosphate de chaux...	6 32	283 07	9 »	25 47	
	Plâtre................	9 »	400 »	6 »	24 »	
9	Tourteau de sésame........	17 10	760 »	12 »	91 20	
	Sulfate de potasse	5 95	264 64	27 »	71 36	212 03
	Superphosphate de chaux...	6 32	283 07	9 »	25 47	
	Plâtre................	9 »	400 »	6 »	24 »	
10	Tourteau de sésame........	17 10	760 »	12 »	91 20	
	Carbonate de potasse......	6 06	269 36	49 »	131 98	272 55
	Superphosphate de chaux...	6 32	283 07	9 »	25 47	
	Plâtre................	9 »	400 »	6 »	24 »	
11	Témoin					
12	Chlorure de potassium......	7 35	326 80	23 »	75 16	
	Superphosphate de chaux...	9 »	400 »	9 »	36 »	135 16
	Plâtre................	9 »	400 »	6 »	24 »	
13	Sulfate de potasse..........	6 55	291 78	27 »	78 78	
	Superphosphate de chaux...	9 »	400 »	9 »	36 »	138 78
	Plâtre................	9 »	400 »	6 »	24 »	
14	Carbonate de potasse........	6 55	297 09	49 »	145 57	
	Superphosphate de chaux...	9 »	400 »	9 »	36 »	205 57
	Plâtre................	9 »	400 »	6 »	24 »	
15	Nitrate de soude............	7 41	316 66	27 »	88 91	88 91

Ces engrais ont été répandus le 8 mars en couverture et enterrés par un labour.

Voici dans le tableau F les résultats obtenus dans chaque parcelle.

TABLEAU F.

NUMÉROS DES PARCELLES	DATES				DATE	POIDS des raisins		RICHESSE du moût		POIDS des sarments		CLASSEMENT DES CARRÉS		
	du débourrement	de la floraison	de la véraison	de la maturité	de la vendange	par parcelle	par hectare	en sucre	alcool correspondant	par parcelle	par hectare	d'après le rendement par hectare	d'après la richesse du moût	d'après le poids des sarments
1	2 Avril	6 Juin	23 Août	22 Sept.	22 Sept.	29 k »	1.516k28	23 »	14 3/4	13 k 50	719 k 82	7	5	7
2	»	»	»	»	»	35 5	1.892 92	24 5	15 3/4	17 30	922 42	1	1	1
3	»	»	»	»	»	27 5	1.466 30	24 »	15 »	13 90	741 14	9	3	5
4	»	»	»	»	»	28 »	1.492 96	24 5	15 3/4	12 10	645 16	8	2	15
5	»	»	»	»	»	30 5	1.626 26	24 »	15 5	14 30	762 46	5	3	2
6	»	»	»	»	»	32 »	1.716 24	24 »	15 5	12 40	661 16	2	3	10
7	»	»	»	»	»	31 5	1.679 58	24 »	15 5	11 20	753 14	3	3	3
8	»	»	»	»	»	29 »	1.546 28	24 »	15 5	11 »	626 48	7	3	4
9	»	»	»	»	»	31 »	1.652 92	23 1/2	15 »	13 86	737 14	4	4	6
10	»	»	»	»	»	26 »	1.386 32	24 »	15 5	12 40	661 14	10	3	10
11	»	»	»	»	»	20 5	1.694 06	24 »	15 5	11 »	586 52	13	3	13
12	»	»	»	»	»	24 »	1.977 68	23 1/4	15 »	11 10	594 84	12	4	12
13	»	»	»	»	»	29 5	1.572 91	21 »	15 5	13 »	693 16	6	3	8
14	»	»	»	»	»	31 »	1.672 92	23 1/4	15 »	12 70	677 16	4	4	9
15	»	»	»	»	»	25 5	1.359 66	24 »	15 5	11 10	594 84	11	3	12

D'après ce tableau, nous voyons que les rendements sont peu élevés, même dans la parcelle 2, qui a donné les meilleurs résultats ; nous attribuons cela à l'affaiblissement causé par les attaques intenses du mildiou que cette vigne a subies en 1888 et 1889. Cette année-ci plusieurs traitements à la bouillie bordelaise à 2 % de sulfate de cuivre et de chaux ont été faits, et on n'a pas constaté de traces de la maladie.

Après la parcelle 2, qui a reçu du nitrate de soude, du sulfate de potasse, du superphosphate de chaux et du plâtre, les parcelles qui ont donné les rendements les plus élevés sont les numéros 6, fumé avec du sulfate d'ammoniaque, du sulfate de potasse, du superphosphate de chaux et du plâtre ; 9, fumé avec du tourteau de sésame, du sulfate de potasse, du superphosphate de chaux et du plâtre ; puis le numéro 14, ne contenant que du carbonate de potasse, du superphosphate de chaux et du plâtre.

Nous allons voir maintenant dans le tableau H si, une fois le prix de la fumure déduit du prix de la récolte, ce classement restera le même.

A l'exception de la parcelle 2, toutes les autres parcelles ont changé de place par rapport au rendement en argent ; nous voyons, en effet, la parcelle 13 venir prendre le second rang, qu'occupait précédemment la parcelle 6. Puis les autres parcelles viennent toutes après le témoin.

D'après les résultats obtenus dans ce champ, nous pouvons en déduire :

1° Que l'azote nitrique sous forme de nitrate de soude a donné les rendements les plus élevés comme récolte et comme argent.

2° Que la potasse a donné les meilleurs résultats sous la forme de sulfate de potasse, non seulement au point de vue du rendement en argent, mais aussi à celui de la richesse en sucre du moût et à celui du poids des sarments produits.

3° Que c'est à l'engrais complet de la parcelle 2, composé de nitrate de soude, de sulfate de potasse, de superphosphate de chaux et de plâtre, qu'on doit donner la préférence.

TABLEAU II.

NUMÉROS DES PARCELLES	POIDS de LA RÉCOLTE	VALEUR EN ARGENT de la récolte à 30 fr. les 100 kilos	PRIX de LA FUMURE	REVENU NET par hectare	CLASSEMENT DES CARRÉS	EXCÉDENT EN ARGENT de la RÉCOLTE par rapport au témoin
	k.	fr.	fr.	fr.		fr.
1	1.546 28	463 84	224 07	239 77	11	— 88 14
2	1.892 92	567 87	227 69	340 18	1	+ 12 27
3	1.466 30	439 89	294 48	145 41	14	— 182 50
4	1.492 96	447 88	246 20	201 68	13	— 126 23
5	1.626 26	487 87	221 61	266 26	8	— 61 65
6	1.706 24	511 87	225 23	286 64	6	— 21 27
7	1.679 58	503 87	292 02	211 85	12	— 116 06
8	1.546 26	463 88	208 34	255 04	9	— 72 87
9	1.652 92	495 57	212 03	283 54	7	— 44 37
10	1.386 32	415 89	272 55	143 34	15	— 184 57
11	1.093 06	325 90	témoin	327 91	3	
12	1.277 68	383 30	135 16	248 14	10	— 79 77
13	1.572 94	471 88	138 78	333 10	2	+ 5 19
14	1.652 92	495 87	205 57	290 30	5	— 37 61
15	1.359 66	407 89	88 91	318 98	4	— 8 93

Champ d'expériences de la vigne de la Basse-Terre

Directeur : M. Tacussel Alexandre, propriétaire.

Ce champ a été divisé en 15 parcelles renfermant chacune 36 souches, 9 sur 4, séparées par une rangée de souches non fumées, comme on le verra par le plan.

Le cépage sur lequel ont porté nos expériences est le Saint-Sauveur greffé sur Jacquez en avril 1888.

L'analyse du sol nous a donné la composition suivante :

Analyse physique.

Eau...............	73 k. 58	
Terre fine........	540	10
Pierre............	386	32
	1000	00
Sable.............	65	00 pour 1000 de terre fine.
Argile............	355	00 —
Calcaire..........	560	00 —
Humus............	25	00 —

Analyse chimique.

	Dans 1 k. de terre sèche.	A l'hectare, dans une couche de 0ᵐ,20 d'épaisseur.
Azote...................	1.04	4.160 kilog.
Acide phosphorique...	1.05	4.200 —
Potasse................	1.72	6.880 —
Chaux..................	325.00	130.000 —
Fer et alumine........	75.00	30.000 —

Ces résultats nous démontrent que le sol est de nature calcairo-argileuse riche en azote, en acide phosphorique et moyennement riche en potasse.

Malgré la proportion de carbonate de chaux qu'il renferme, le Jacquez s'y comporte très bien, d'après la végétation luxuriante que prennent les greffes de Saint-Sauveur et leur abondante fructification. Ce terrain, pendant l'été, se trouve avoir son sous-sol frais à cause des infiltrations qui proviennent de la Sorgue, ce qui ne peut qu'aider à la bonne venue du Jacquez.

Les engrais mis sur chaque parcelle sont consignés dans le tableau I, avec leur prix par hectare.

<table>
<tr><td>Nos
des
allées</td><td colspan="3" align="center">PLAN DU CHAMP D'EXPÉRIENCES
de la vigne de la BASSE-TERRE</td><td rowspan="28" align="center">Chemin de grande communication.</td></tr>
<tr><td>1</td><td rowspan="5" align="center">1</td><td rowspan="5" align="center">2</td><td rowspan="5" align="center">3</td></tr>
<tr><td>2</td></tr>
<tr><td>3</td></tr>
<tr><td>4</td></tr>
<tr><td>5</td></tr>
<tr><td>6</td><td rowspan="5" align="center">4</td><td rowspan="5" align="center">5</td><td rowspan="5" align="center">6</td></tr>
<tr><td>7</td></tr>
<tr><td>8</td></tr>
<tr><td>9</td></tr>
<tr><td>10</td></tr>
<tr><td>11</td><td rowspan="5" align="center">7</td><td rowspan="5" align="center">8</td><td rowspan="5" align="center">9</td></tr>
<tr><td>12</td></tr>
<tr><td>13</td></tr>
<tr><td>14</td></tr>
<tr><td>15</td></tr>
<tr><td>16</td><td rowspan="5" align="center">10</td><td rowspan="5" align="center">11</td><td rowspan="5" align="center">12</td></tr>
<tr><td>17</td></tr>
<tr><td>18</td></tr>
<tr><td>19</td></tr>
<tr><td>20</td></tr>
<tr><td>21</td><td rowspan="5" align="center">13</td><td rowspan="5" align="center">14</td><td rowspan="5" align="center">15</td></tr>
<tr><td>22</td></tr>
<tr><td>23</td></tr>
<tr><td>24</td></tr>
<tr><td>25</td></tr>
<tr><td>26</td></tr>
<tr><td>27</td></tr>
<tr><td>28</td></tr>
</table>

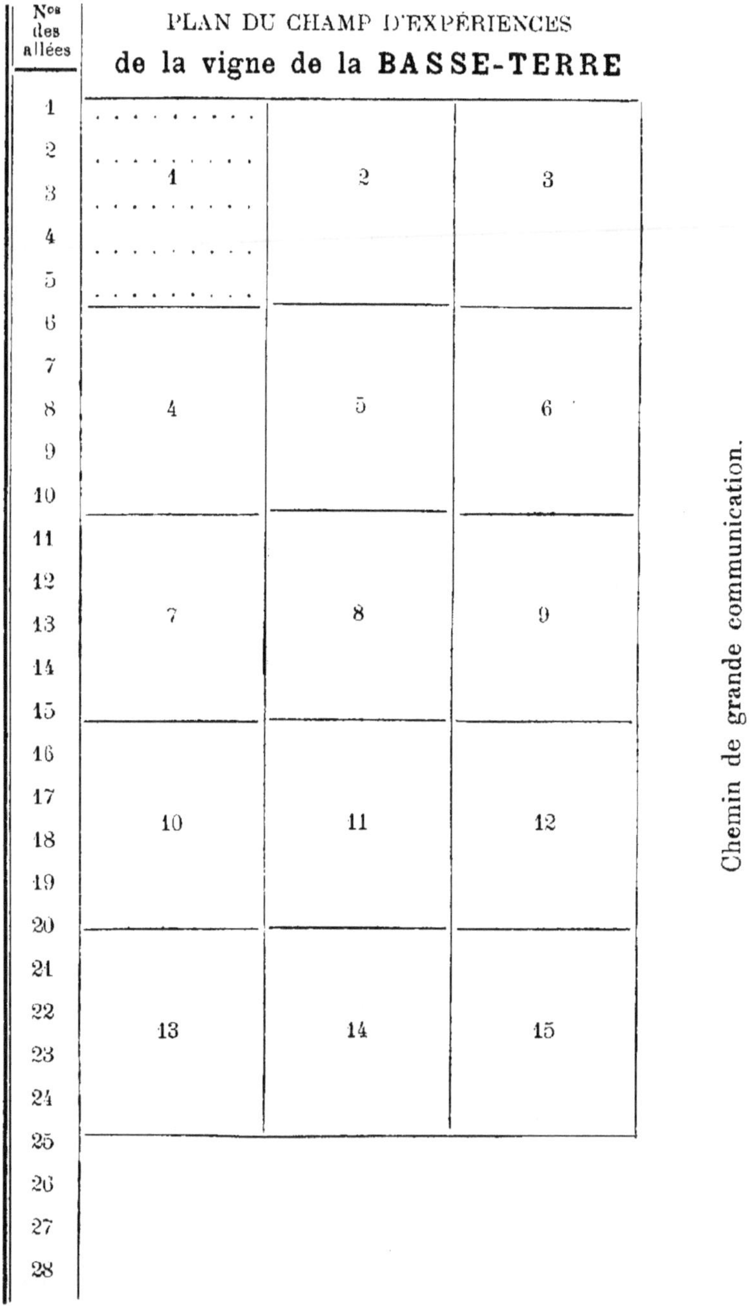

TABLEAU I.

NUMÉROS DES CARRÉS	NATURE DES ENGRAIS	POIDS par parcelle		POIDS par hectare		PRIX des 100 kilos		COUT DE LA FUMURE par hectare		
1	Nitrate de soude............	2 k	»	221 k	67	27 f.	»	39f 85		149f 45
	Chlorure de potassium......	2	»	220	»	23	»	70 60		
	Superphosphate de chaux....	2	70	300	»	9	»	27	»	
	Plâtre..............	1	60	200	»	6	»	12	»	
2	Nitrate de soude..	2	»	221	67	27	»	59 85		151 88
	Sulfate de potasse	1	77	196	43	27	»	23 03		
	Superphosphate de chaux....	2	70	300	»	9	»	27	»	
	Plâtre..............	1	60	200	»	6	»	12	»	
3	Nitrate de soude............	2	»	221	67	27	»	50 85		196 85
	Carbonate de potasse.......	1	80	200	»	29	»	98	»	
	Superphosphate de chaux....	2	70	300	»	9	»	27	»	
	Plâtre...................	1	60	200	»	6	»	12	»	
4	Nitrate de potasse..........	2	30	255	82	49	»	125 35		164 35
	Superphosphate de chaux...	2	70	300	»	9	»	27	»	
	Plâtre...............	1	60	200	»	6	»	12	»	
5	Sulfate d'ammoniaque	1	50	166	25	35	»	58 18		147 78
	Chlorure de potassium......	2	»	220	»	23	»	50 60		
	Superphosphate de chaux. .	2	70	300	»	9	»	27	»	
	Plâtre...	1	60	200	»	6	»	12	»	
6	Sulfate d'ammoniaque.	1	50	166	25	35	»	58 18		150 21
	Sulfate de potasse.	1	77	196	43	27	»	53 03		
	Superphosphate de chaux....	2	70	300	»	9	»	27	»	
	Plâtre..................	1	60	200	»	6	»	12	»	
7	Sulfate d'ammoniaque.......	1	50	166	25	35	»	58 18		195 18
	Carbonate de potasse........	1	80	200	»	49	»	98	»	
	Superphosphate de chaux ...	2	70	300	»	9	»	27	»	
	Plâtre..	1	60	200	»	6	»	12	»	
8	Tourteau de maïs...........	5	98	665	30	9	»	59 87		149 47
	Chlorure de potassium.	2	»	220	»	23	»	50 60		
	Superphosphate de chaux...	2	70	300	»	9	»	27	»	
	Plâtre..	1	60	200	»	6	»	12	»	
9	Tourteau de maïs..........	5	98	665	30	9	»	59 87		151 87
	Sulfate de potasse	1	77	196	43	27	»	53 03		
	Superphosphate de chaux....	2	70	300	»	9	»	27	»	
	Plâtre.................	1	60	200	»	6	»	12	»	
10	Tourteau de maïs...........	5	98	665	30	9	»	50 87		196 87
	Carbonate de potasse.......	1	80	200	»	49	»	98	»	
	Superphosphate de chaux ...	2	70	300	»	9	»	27	»	
	Plâtre......	1	60	200	»	6	»	12	»	
11	Témoin.									

TABLEAU **I** (*Suite*).

NUMÉROS DES CARRÉS	FUMURES EMPLOYÉES				
	NATURE DES ENGRAIS	POIDS		PRIX des 100 kilos	COUT DE LA FUMURE par hectare.
		par parcelle.	par hectare.		
12	Chlorure de potassium......	2 k »	220 k »	23 f. »	50f60)
	Superphosphate de chaux....	2 70	300 »	9 »	27 » } 89f60
	Plâtre.....................	1 60	200 »	6 »	12 »)
13	Sulfate de potasse..........	1 77	196 43	27 »	53 03)
	Superphosphate de chaux....	2 70	300 »	9 »	27 » } 92 03
	Plâtre.....................	1 60	200 »	6 »	12 »)
14	Carbonate de potasse	1 80	200 »	49 »	98 »)
	Superphosphate de chaux...	2 70	300 »	9 »	27 » } 137 »
	Plâtre.....................	1 60	200 »	6 »	12 »)
15	Tourteau de maïs..........	5 98	665 30	9 »	59 87

Ces engrais ont été répandus en couverture le 27 février et enterrés par un labour a l'araire.

Pendant le courant de la végétation, M. Tacussel a pu faire les observations suivantes : Le débourrement général a eu lieu du 10 au 15 avril. Il a été tardif seulement dans les carrés 14 et 15. Le 6 mai les bourgeons de ces deux carrés mesuraient 0,20 à 0,25 de moins que dans tous les autres carrés. Le 11 juin, les Saint-Sauveur étaient en pleine floraison ; ce jour-là, sur la parcelle 1 seulement, quelques taches de mildiou se sont montrées, certainement occasionnées par le voisinage d'un lot de racinés de Jacquez, déchets de pépinière, se trouvant entre la Sorgue et cette parcelle à 1 mètre de distance, ces déchets de Jacquez étant criblés de mildiou. Il est à remarquer que trois traitements préventifs avaient déjà été faits : le premier, le 5 mai ; le deuxième, le 17 mai ; le troisième, le 9 juin ; tous à la bouillie bordelaise à la dose de 2 kilos de sulfate de cuivre et autant de chaux pour 100 litres d'eau. Deux jours après l'apparition du mildiou, il a été opéré un quatrième traitement à la même formule sur la parcelle 1, qui a suffi pour arrêter complètement le mildiou ; en présence d'une nouvelle attaque, un cinquième traitement a été fait sur tous les carrés à la date du 25 juin.

Signalons, en passant, que l'oïdium, qui s'est déclaré sur les plants voisins, n'a nullement attaqué les Saint-Sauveur, bien qu'ils n'aient pas reçu de soufre.

Nous avons consigné dans le tableau L les résultats obtenus dans ce champ.

TABLEAU **L.**

Numéros des parcelles	POIDS DES RAISINS		DEN- SITÉ du moût	VALEUR en argent de la récolte à 22 fr. les 100 kil.	PRIX de la fumu- re	REVENU net par hectare	EXCÉDENT en argent de la récolte par rapport au témoin	Classement des parcelles
	par parcelle	par hectare						
1	121 k 10	11.147 k 95	10º	2.452 f.54	149 f 45	2.303 f 09	1.317 f 88	1
2	109 60	1.011 »	10º,4	2.224 20	151 88	2.072 82	1.087 11	4
3	113 33	10.487 46	10º,4	2.307 14	196 85	2.110 29	1.125 08	3
4	77 14	7.141 87	9º,6	1.571 21	164 35	1.406 86	421 65	8
5	86 82	8 038 08	9º	1.768 37	147 78	1.620 59	635 38	6
6	116 47	10.783 18	9º,8	2.372 29	150 21	2.222 08	1.236 87	2
7	72 »	6.666 »	9º,8	1.466 52	195 18	1.271 34	286 13	10
8	73 »	6.784 50	9º,4	1.492 59	139 31	1.353 28	368 87	9
9	66 60	6.166 05	10º,8	1.356 53	141 72	1.214 81	220 60	11
10	80 »	7.406 60	10º,8	1.629 45	182 49	1.446 96	661 75	7
11	48 37	4 478 25	9º,6	985 21	»	»	»	13
12	63 25	5.854 01	9º,2	1.287 88	89 60	1.198 28	213 07	12
13	91 »	8.425 08	10º,2	1.853 51	93 03	1.761 48	776 27	5
14	36 »	3.333 »	9º,8	733 26	137 »	696 »	299 21	14

Pàr la lecture de ce tableau on peut s'apercevoir :

1º Que les formules d'engrais appliquées ont donné un rendement en récolte et en argent plus élevé que le témoin ;

2º Que l'azote nitrique sous forme de nitrate de soude vient en première ligne, puis l'azote du sulfate d'ammoniaque et enfin l'azote du tourteau ;

3º Que la potasse du chlorure de potassium occupe le premier rang, puis vient le sulfate de potasse, et enfin le carbonate de potasse. Mais il n'en est pas de même pour la richesse du moût; le degré le plus élevé est donné par le sulfate de potasse et le carbonate de potasse ;

4º Que ce sont les formules des parcelles 1, 2 et 3 qu'on devra employer de préférence.

Champ d'expériences de la Condamine.

Directeur : M. RICARD, propriétaire.

Ce champ d'expériences a été créé dans le territoire de la commune de Mornas sur un terrain formé par les alluvions du Rhône répondant à la composition suivante :

Analyse physique.

Eau..................	50 k.	00
Terre fine............	944	00
Pierres..............	6	00
	1.000 k.	00

Sable...............	225 k.	4	par 1000 de terre fine.
Argile.......	508	1	—
Calcaire.............	237	5	—
Humus..............	32	0	—

Analyse chimique.

	Dans 1 k. de terre.	A l'hectare, dans une couche de 0^{m}20 d'épaisseur.
Azote	1.140	4.560 kilog.
Acide phosphorique...	1.128	4 480
Potasse...............	1.350	5.400 —
Chaux................	132.600	503.400 —
Fer et alumine........	42.200	168.800 —

Ce terrain est donc riche en azote et acide phosphorique et moyennement riche en potasse. Par sa formation progressive qui lui donne une certaine résistance au phylloxéra, il a pu être planté en petits Bouschets, qui y acquièrent une luxuriante végétation.

Notre champ d'expériences, pris sur une étendue de plusieurs hectares, a été divisé en 18 parcelles de 100 souches chacune, 10 sur 10, plantées à une distance de 2 mètres sur 1; chaque parcelle est séparée par une rangée de souches qui n'ont pas reçu d'engrais, comme l'indique le plan ci-joint.

Les engrais ont été appliqués à la volée, sauf dans la parcelle 18, où nous avons mis la même formule qu'à la parcelle 2 au pied des souches.

Le tableau M donne les formules employées dans chaque parcelle.

PLAN DU CHAMP D'EXPÉRIENCES DE LA CONDAMINE

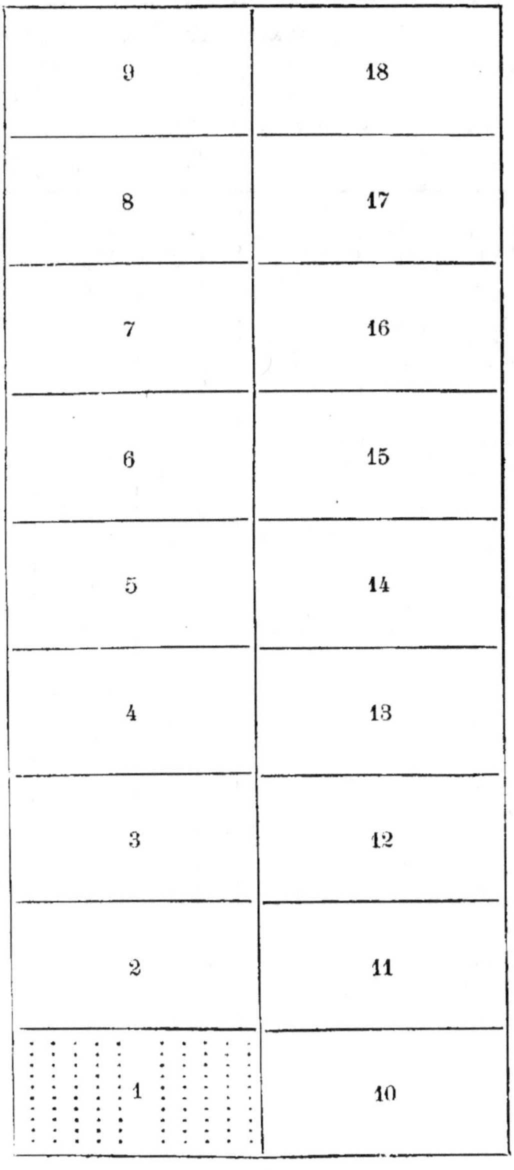

9	18
8	17
7	16
6	15
5	14
4	13
3	12
2	11
1	10

Tableau M.

NUMÉROS DES PARCELLES	NATURE DES ENGRAIS	POIDS par parcelle	POIDS par hectare	PRIX des 100 kilos	COUT DE LA FUMURE par hectare	COUT total
1	Nitrate de soude	4 k 50	200 k »	27 f. »	54 f »	
	Chlorure de potassium	4 46	198 40	23 »	45 64	135f64
	Superphosphate de chaux	4 50	200 04	9 »	18 »	
	Plâtre	6 75	300 »	6 »	18 »	
2	Nitrate de soude	4 50	200 »	27 »	54 »	
	Sulfate de potasse	3 96	177 17	27 »	47 83	137 83
	Superphosphate de chaux	4 75	200 »	9 »	18 »	
	Plâtre	6 50	300 »	6 »	18 »	
3	Nitrate de soude	4 50	200 »	27 »	54 »	
	Carbonate de potasse	4 05	180 40	49 »	88 39	178 39
	Superphosphate de chaux	4 50	200 »	9 »	18 »	
	Plâtre	6 75	300 »	6 »	18 »	
4	Nitrate de potasse	5 17	230 76	49 »	113 07	
	Superphosphate de chaux	4 50	200 »	9 »	18 »	149 07
	Plâtre	6 75	200 »	6 »	18 »	
5	Sulfate d'ammoniaque	3 37	150 »	35 »	52 50	
	Chlorure de potassium	4 46	198 44	23 »	45 64	134 14
	Superphosphate de chaux	4 50	200 »	9 »	18 »	
	Plâtre	6 75	300 »	6 »	18 »	
6	Sulfate d'ammoniaque	3 37	150 »	35 »	52 50	
	Sulfate de potasse	3 96	177 17	27 »	88 39	136 33
	Superphosphate de chaux	4 50	200 »	9 »	18 »	
	Plâtre	6 75	300 »	6 »	18 »	
7	Sulfate d'ammoniaque	3 37	150 06	35 »	52 50	
	Carbonate de potasse	4 05	180 40	49 »	88 39	176 89
	Superphosphate de chaux	4 50	200 »	9 »	18 »	
	Plâtre	6 75	300 »	6 »	18 »	
8	Tourteau de sésame	10 38	461 54	12 »	55 38	
	Chlorure de potassium	3 15	140 »	23 »	32 20	116 78
	Superphosphate de chaux	2 80	124 46	9 »	11 20	
	Plâtre	6 75	300 »	6 »	18 »	
9	Tourteau de sésame	10 38	461 54	12 »	55 38	
	Sulfate de potasse	3 61	160 71	27 »	43 39	127 97
	Superphosphate de chaux	2 80	124 46	9 »	11 40	
	Plâtre	6 75	300 »	6 »	18 »	
10	Tourteau de sésame	10 38	461 54	12 »	55 38	
	Carbonate de potasse	3 68	163 53	43 »	80 17	164 75
	Superphosphate de chaux	2 80	124 46	9 »	11 20	
	Plâtre	6 75	300 »	6 »	18 »	
11	Chlorure de potassium	4 46	198 44	23 »	45 64	
	Superphosphate de chaux	4 50	200 »	9 »	18 »	81 64
	Plâtre	6 75	300 »	6 »	18 »	

TABLEAU **M** (*Suite*).

NUMÉROS DES PARCELLES	NATURE DES ENGRAIS	FUMURES EMPLOYÉES		PRIX des 100 kilos	COUT DE LA FUMURE par hectare.	
		POIDS				
		par parcelle.	par hectare.			
12	Sulfate de potasse............	3 k 96	177 k 17	27 f. »	47 f 83	
	Superphosphate de chaux....	4 50	200 »	9 »	18 »	83 f 83
	Plâtre........................	6 75	300 »	6 »	18 »	
13	Carbonate de potasse	4 50	180 40	49 »	88 39	
	Superphosphate de chaux...	4 50	200 »	9 »	18 »	124 39
	Plâtre........................	6 75	300 »	6 »	18 »	
14	Nitrate de soude.	4 50	200 »	27 »	54 »	54 »
15	Sulfate d'ammoniaque......	3 37	150 »	35 »	52 50	52 50
16	Tourteau de sésame.........	10 38	461 54	12 »	55 38	55 38
17	Témoin.					
18	Nitrate de soude...........	4 50	200 »	27 »	54 »	
	Chlorure de potassium......	3 96	177 77	27 »	47 33	137 83
	Superphosphate de chaux....	4 50	200 »	9 »	18 »	
	Plâtre........................	6 75	300 »	6 »	18 »	

L'épandage des engrais s'est effectué le 15 mars ils ont été recouverts aussitôt après au moyen de la charrue vigneronne.

Le débourrage a eu lieu fin mars. Les traitements en vue des maladies cryptogamiques ont été faits aux dates suivantes : le 10 mai, le 15 juin et le 12 juillet. Pas de mildiou constaté. La véraison a eu lieu du 15 au 18 août et la vendange le 20 septembre. Malheureusement, les inondations du Rhône étant survenues au moment de la vendange, on n'a pu sauver que les 9 premières parcelles. Nous donnons dans le tableau N le poids des raisins récoltés. De plus, les sarments ayant beaucoup souffert du vent, nous ne faisons que mentionner seulement le rendement par parcelle sans en tirer aucune conclusion.

Tableau **N.**

NUMÉROS DES PARCELLES	POIDS DES RAISINS		POIDS DES SARMENTS		CLASSEMENT des parcelles d'après le rendement
	par parcelle	par hectare	par parcelle	par hectare	
1 ..	122 k	6.100k	65 k	3.250k	7
2 ..	142	7.100	59	2.950	2
3 ..	138	6.900	58	2.900	4
4 ..	126	6.300	47	2.350	6
5 ..	118	5.900	64	3.200	8
6 ..	126	6.300	55	2.750	6
7 ..	130	6.500	52	2.600	5
8 ..	139	6.950	50	2.500	3
9 ..	158	7.900	45	2.250	1
10 ..	...	... .	70	3.500	
11 ..	...	.....	66	3.300	
12 ..	...	.....	52	2.600	
13 ..	...	.....	58	2 900	
14 ..	...	.....	54	2.700	
15 ..	...	.....	59	2 950	
16 ..	...	.....	48	2.400	
17 ..	...	.....	58	2.900	
18 ..	...	....	49	2.450	

Nous voyons, d'après le poids des raisins par hectare donné par les
9 premières parcelles, que c'est la parcelle 9 qui a donné le rendement
le plus élevé, parcelle qui a été fumée avec du tourteau de sésame, du
sulfate de potasse, du superphosphate de chaux et du plâtre. Mais pour
tirer une conclusion définitive, il faudrait au moins connaître le poids
du raisin produit par la parcelle témoin.

Champ d'expériences de la terre Beauvoir

Directeur : M. RICARD, propriétaire

Ce champ d'expériences, établi dans un terrain de même origine que le précédent, a donné à l'analyse la composition suivante :

Analyse physique.

Eau................	80 k.	00
Terre fine........	910	00
Pierre............	10	00
	1.000	00

Sable.............	75	00	pour 1000 de t-rre fine
Argile............	648	00	—
Calcaire..........	250	00	—
Humus............	29	00	—

Analyse chimique.

	Dans 1 k. de terre sèche.	A l'hectare, dans une couche de $0^m,20$ d'épaisseur.
Acide phosphorique...	1.250	5.000 kilog.
Potasse...............	0.940	3.760 —
Azote.................	0.904	3.616 —
Chaux................	150.000	600.000 —
Fer et alumine.......	48.000	192.000 —

Ce terrain est donc argilo-calcaire, riche en acide phosphorique, moyennement riche en potasse et en azote. Il est planté en aramons distants les uns des autres de $1^m,50$ en tous sens. Nous avons pris des carrés de 100 souches, 10 sur 10 ; notre champ d'expériences affecte la forme reproduite sur le plan ci-joint.

Les formules d'engrais répandu sont consignées dans le tableau R.

PLAN DU CHAMP D'EXPÉRIENCES DE BEAUVOIR

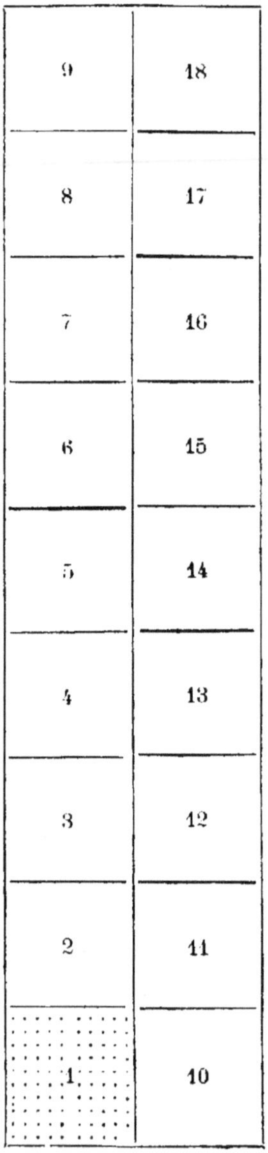

1	2	3	4	5	6	7	8	9
10	11	12	13	14	15	16	17	18

TABLEAU **R**.

NUMÉROS DES PARCELLES	FUMURES EMPLOYÉES				
	NATURE DES ENGRAIS	POIDS par parcelle	POIDS par hectare	PRIX des 100 kilos	COUT DE LA FUMURE par hectare
1	Nitrate de soude............	5 k 54	246 k 20	27 f. »	66 f 47 ⎫
	Chlorure de potassium......	5 50	244 42	23 »	56 21 ⎬ 179 f 32
	Superphosphate de chaux....	7 50	333 30	9 »	29 99 ⎪
	Plâtre............	10 »	444 40	6 »	26 66 ⎭
2	Nitrate de soude............	5 54	246 20	27 »	66 47 ⎫
	Sulfate de potasse..........	4 90	217 76	27 »	58 79 ⎬ 171 91
	Superphosphate de chaux. ...	7 50	333 30	9 »	29 99 ⎪
	Plâtre....................	10 »	444 40	6 »	26 66 ⎭
3	Nitrate de soude............	5 54	246 20	27 »	66 47 ⎫
	Carbonate de potasse........	5 »	222 20	49 »	108 87 ⎬ 231 99
	Superphosphate de chaux....	7 50	333 30	9 »	29 99 ⎪
	Plâtre....................	10 »	444 40	6 »	26 66 ⎭
4	Nitrate de potasse..........	6 39	283 97	49 »	139 14 ⎫
	Superphosphate de chaux....	7 50	333 30	9 »	29 99 ⎬ 195 79
	Plâtre....	10 »	444 40	6 »	26 66 ⎭
5	Sulfate d'ammoniaque.	4 15	184 82	35 »	64 68 ⎫
	Chlorure de potassium......	5 50	244 42	23 »	56 21 ⎬ 177 54
	Superphosphate de chaux....	7 50	333 35	9 »	29 99 ⎪
	Plâtre....................	10 »	444 40	6 »	26 66 ⎭
6	Sulfate d'ammoniaque......	4 15	184 82	35 »	64 68 ⎫
	Sulfate de potasse..........	4 90	217 76	27 »	58 79 ⎬ 180 12
	Superphosphate de chaux...	7 50	333 30	9 »	29 99 ⎪
	Plâtre....................	10 »	444 40	6 »	26 66 ⎭
7	Sulfate d'ammoniaque......	4 15	184 82	12 »	64 68 ⎫
	Carbonate de potasse.......	5 »	222 20	49 »	108 87 ⎬ 230 20
	Superphosphate de chaux...	7 50	333 30	9 »	29 99 ⎪
	Plâtre.	10 »	444 40	6 »	26 66 ⎭
8	Tourteau de sésame........	12 78	567 04	12 »	68 15 ⎫
	Chlorure de potassium......	5 »	222 20	23 »	51 10 ⎬ 168 02
	Superphosphate de chaux ...	5 53	245 75	9 »	22 11 ⎪
	Plâtre...................	10 »	444 40	6 »	26 66 ⎭
9	Tourteau de sésame........	12 78	567 04	12 »	68 15 ⎫
	Sulfate de potasse..........	4 46	198 37	27 »	53 54 ⎬ 170 46
	Superphosphate de chaux...	5 53	245 75	9 »	22 11 ⎪
	Plâtre....................	10 »	444 40	6 »	26 56 ⎭

TABLEAU **R** *(Suite)*.

NUMÉROS DES PARCELLES	NATURE DES ENGRAIS	POIDS par parcelle	POIDS par hectare	PRIX des 100 kilos	COUT DE LA FUMURE par hectare	
10	Tourteau de sésame............	12 78	567 94	12 »	68 15	
	Carbonate de potasse... ...	4 55	202 20	49 »	99 07	215 99
	Superphosphate de chaux...	5 53	245 75	9 »	22 11	
	Plâtre......	10 »	444 40	6 »	26 66	
11	Témoin					
12	Chlorure de potassium......	5 50	244 42	23 »	56 21	86 20
	Superphosphate de chaux...	7 50	333 30	9 »	29 99	
13	Sulfate de potasse...........	4 90	217 76	27 »	58 79	88 78
	Superphosphate de chaux...	7 50	333 30	9 »	29 99	
14	Carbonate de potasse.......	5 »	222 20	49 »	108 87	138 86
	Superphosphate de chaux...	7 50	333 30	9 »	29 99	
15	Nitrate de soude............	5 54	246 20	27 »	66 67	
16	Sulfate d'ammoniaque......	4 15	184 82	35 »	64 68	
17	Tourteau de sésame........	12 78	567 94	12 »	68 15	
18	Nitrate de soude............	5 54	246 20	27 »	66 47	
	Carbonate de potasse........	4 90	222 20	49 »	108 87	177 54
	Superphosphate de chaux....	7 50	333 30	9 »	29 99	
	Plâtre............	10 »	444 40	6 »	26 66	

Par suite des inondations du Rhône du 22 septembre, la récolte de notre champ d'expériences a été totalement compromise, ce qui fait que nous ne pouvons donner cette année que les résultats des sarments de chaque carré. Ces poids par carré et par hectare sont rapportés dans le tableau S.

TABLEAU **S**.

| NUMÉROS | POIDS DES SARMENTS | | CLASSEMENT |
DES CARRÉS	par carré	par hectare	DES CARRÉS
1	87 k.	3.866 k 28	3
2	94	4.177 36	1
3	84	3.732 96	6
4	86	3.821 84	4
5	74	3.178 50	10
6	84	3.732 98	6
7	84	3.732 96	6
8	75	3.333 »	9
9	75	3.333 »	9
10	78	3.467 73	8
11	85	3.777 40	5
12	65	2.888 60	12
13	84	3.732 95	6
14	82	3.644 08	7
15	75	3.333 »	9
16	90	3.999 60	2
17	69	3.066 30	11
18	69	3.066 30	11

D'après ce tableau, la formule qui a donné les meilleurs résultats serait celle du carré n° 2, composée de nitrate de soude, de sulfate de potasse, de superphosphate de chaux et de plâtre.

2me ANNÉE D'EXPÉRIENCES

Champ d'expériences de la vigne dite terre de Lafajou

Directeur : M. Aucompte, gérant.

Rien d'anormal ne nous a été signalé dans la végétation des carrés. Toutes les souches ont été traitées quatre fois à la bouillie Bordelaise à 2 0/0 de sulfate de cuivre et autant de chaux pour 100 litres d'eau. Le premier traitement a été fait les premiers jours de mai, le deuxième le 6 juin, le troisième le 4 juillet et le quatrième le 8 août. Avec ces précautions, le champ d'expériences a été indemne de Mildiou.

Les engrais ont été répandus le 12 février et enterrés par la charrue vigneronne aussitôt après. Le carré 18 a été, comme l'année précédente, déchaussé, et l'engrais a été mis au pied des souches.

Les résultats obtenus sont consignés dans le tableau A.

TABLEAU **A.**

Numéros des Carrés	FUMURES EMPLOYÉES		Poids des raisins par hectare	Poids des sarments par hectare	Richesse du moût en sucre	Classement des Carrés		
	NATURE DES ENGRAIS	Poids par hectare				d'après le rendement par hectare	d'après le poids des sarments	d'après la richesse du moût en sucre
		k	k	k				
1	Nitrate de soude.......... Chlorure de potassium... Superphosphate de chaux. Plâtre...............	346 66 344 » 400 » 500 »	4.710 64	1.866 48	19.5	3	3	5
2	Nitrate de soude.......... Sulfate de potasse........ Superphosphate de chaux. Plâtre...............	346 66 307 14 400 » 500 »	4.888 40	2.044 24	20.5	2	1	2
3	Nitrate de soude........ Carbonate de potasse.... Superphosphate de chaux. Plâtre	346 66 312 17 400 » 500 »	4.755 50	1.999 80	21.2	4	2	1
4	Nitrate de potasse........ Superphosphate de chaux. Plâtre...............	400 » 400 » 500 »	3.866 28	1.644 48	20	6	6	3
5	Sulfate d'ammoniaque ... Chlorure de potassium... Superphosphate de chaux. Plâtre...............	260 » 307 14 400 » 500 »	3.821 84	1.555 40	18.2	7	7	10
6	Sulfate d'ammoniaque ... Sulfate de potasse. ...... Superphosphate de chaux. Plâtre...............	260 » 307 14 400 » 500 »	4.088 48	1.688 72	19.2	5	5	6

TABLEAU A (*Suite*).

Numéros des Carrés	FUMURES EMPLOYÉES		Poids des raisins par hectare	Poids des sarments par hectare	Richesse du moût en sucre	Classement des Carrés		
	NATURE DES ENGRAIS	Poids par hectare				d'après le rendement par hectare	d'après le poids des sarments	d'après la richesse du moût en sucre
		k	k	k				
7	Sulfate d'ammoniaque... Carbonate de potasse..... Superphosphate de chaux. Plâtre....................	260 » 317 72 400 » 500 »	5.332 80	1.555 40	19.5	1	7	5
8	Tourteau de sésame...... Chlorure de potassium... Superphosphate de chaux. Plâtre	800 » 312 » 276 92 500 »	2.854 16	1.377 64	19.5	10	11	6
9	Tourteau de sésame...... Sulfate de potasse........ Superphosphate de chaux. Plâtre....................	800 » 278 57 276 92 500 »	2.666 40	1.288 76	19	11	12	7
10	Tourteau de sésame...... Carbonate de potasse..... Superphosphate de chaux. Plâtre....................	800 » 283 63 276 92 500 »	3.199 68	1.733 16	20	8	4	3
11	Témoin....................	»	2.888 60	1.422 08	20	9	10	3
12	Chlorure de potassium... Superphosphate de chaux. Plâtre....................	314 » 400 » 500 »	2.044 24	1.510 96	20	14	8	3
13	Sulfate de potasse....... Superphosphate de chaux. Plâtre....................	307 14 276 92 500 »	1.822 04	1.288 76	19.7	15	12	4
14	Carbonate de potasse..... Superphosphate de chaux. Plâtre....................	312 72 276 92 500 »	2 710 04	1.377 64	18.7	10	11	8
15	Nitrate de soude.........	346 66	2.888 60	1.466 52	18.5	9	9	9
16	Sulfate d'ammoniaque....	260 »	2.399 78	1.466 52	18.5	13	9	9
17	Tourteau..................	800 »	2.577 52	1.422 08	18	12	10	11
18	Nitrate de soude........ Chlorure de potassium... Superphosphate de chaux. Plâtre....................	346 66 344 » 400 » 500 »	2.577 52	1.510 96	»	12	8	

Comme on le voit, c'est le carré 7 qui occupe le premier rang comme rendement, carré fumé avec l'engrais composé de sulfate d'ammoniaque, de carbonate de potasse, de superphosphate de chaux et de plâtre : puis vient le carré 2, contenant du nitrate de soude, du sulfate de potasse, du superphosphate de chaux et du plâtre ; puis le carré 1, qui renferme du nitrate de soude, du chlorure de potassium, du superphosphate de chaux et du plâtre. Le carré 3, composé de nitrate de soude, de carbonate de potasse, de superphosphate de chaux et de plâtre, occupe le quatrième rang, etc.

Si nous considérons maintenant le prix de la fumure, — et il y a intérêt à s'en rendre compte pour le rendement en argent, — il peut se faire que ce premier classement ne soit pas le même ; c'est ce que va nous indiquer le tableau B.

Tableau B.

NUMÉROS DES CARRÉS	POIDS de la récolte	VALEUR en argent de la récolte à 30 francs les 100 kilos.	PRIX de la fumure	REVENU net par hectare	CLASSEMENT DES CARRÉS	EXCÉDENT en argent de la récolte par rapport au témoin
1	4.710 k 64	1.413 f. 19	238 f. 71	1.174 f. 48	3	307 f. 90
2	4.888 40	1.466 52	242 51	1.224 01	2	357 43
3	4.755 50	1.426 65	312 72	1.113 93	4	247 35
4	3.806 28	1.159 88	262 »	897 88	7	31 30
5	3.821 84	1.146 55	236 12	910 43	6	43 85
6	4.088 48	1.226 54	249 92	976 62	5	110 04
7	5.332 80	1.599 84	310 13	1.289 71	1	423 13
8	2.854 16	856 24	222 78	633 46	12	— 233 12
9	2.666 40	799 92	226 13	573 79	15	— 292 79
10	3.199 68	959 90	289 09	669 91	11	— 196 67
11	2.888 60	866 58	»	»	8	»
12	2.044 24	613 27	145 12	468 15	17	— 398 43
13	1.822 04	546 66	148 92	397 74	18	— 468 84
14	2.710 84	813 25	210 13	594 12	14	— 272 46
15	2.888 60	866 58	93 59	772 99	9	— 93 59
16	2.309 76	719 92	91 »	628 92	13	— 237 66
17	2.577 52	773 25	96 »	677 25	10	— 189 33
18	2.577 52	773 25	238 71	534 54	16	— 332 04

Or, en examinant ce tableau, on s'aperçoit que les carrés 7, 2, 1, 3, 6 ont conservé leur rang ; de même, en comparant l'excédent en argent de la récolte par rapport au témoin, il est facile de voir que ce sont les engrais complets, renfermant comme sels azotés le sulfate d'ammoniaque, le nitrate de soude et le nitrate de potasse, qui ont donné les meilleurs résultats. Les autres formules ont donné des rendements inférieurs au témoin, surtout celles qui ne contiennent pas de matières azotées.

Il est, en outre, à remarquer que cette année aussi le carré 18, fumé au pied des souches avec le même engrais que le carré 1, qui est fumé en couverture, a donné un produit moitié moindre,

Mettons maintenant en face les rendements de 1890 et ceux de 1891 dans le tableau C.

TABLEAU C.

| NUMÉROS DES CARRÉS | Année 1890 | | | NUMÉROS DES CARRÉS | Année 1891 | | |
| | Rendement par hectare | | | | Rendement par hectare | | |
	POIDS des raisins	POIDS des sarments	Richesse du moût		POIDS des raisins	POIDS des sarments	Richesse du moût
1	3.333 k. »	799 k 92	19 1/4	1	4.710 k 64	1.866 k 48	19 1/2
2	4.755 »	838 80	22 1/2	2	4.888 40	2.011 24	20 1/2
3	5.432 80	911 02	17	3	4.755 50	1.999 80	20 1/4
4	5.821 64	888 70	20	4	3.866 28	1.644 48	20
5	4.088 48	844 36	20	5	3.821 84	1.555 40	18 1/4
6	3.244 12	937 68	22 1/4	6	4.088 48	1.688 72	19 1/4
7	2.088 68	799 92	19 1/4	7	5.332 80	1.555 40	19 1/4
8	3.552 »	732 28	22 1/4	8	2.850 16	1.3`7 64	19 1/4
9	3.955 16	933 24	17	9	2.666 40	1.288 76	19
10	4.300 68	902 13	17 1/2	10	3.199 68	1.733 16	20
11	2.522 08	844 36	22 1/2	11	2.888 60	1.422 08	20
12	2.088 68	799 92	20	12	2.044 24	1.510 96	20
13	1.633 28	488 84	21 3/4	13	1.822 04	1.288 76	19 3/4
14	2.222 20	675 48	19 1/2	14	2.710 84	1.377 64	18 3/4
15	3.644 08	803 80	19	15	2.883 60	1.466 52	18 1/2
16	3.244 12	799 91	20	16	2.399 76	1.466 52	18 1/2
17	2.755 28	622 16	19 1/4	17	2.577 52	1.422 08	18
18	2.222 20	799 92	20	18	2.577 52	1.510 96	»

L'engrais complet dans les deux années a donné les plus forts rendements ; il est à remarquer toutefois que l'année dernière c'est la formule du carré 4, composée de nitrate de potasse, de superphosphate de chaux et de plâtre, qui a produit le plus, tandis que cette année ce carré occupe le sixième rang.

Au premier rang se montre le carré 7, renfermant, comme on l'a déjà vu, l'engrais composé de sulfate d'ammoniaque, de sulfate de potasse, du superphosphate de chaux et de plâtre ; le deuxième rang est occupé par le carré 2, fumé avec du nitrate de soude, du sulfate de potasse, du superphosphate de chaux et du plâtre, tandis que l'année dernière c'était le carré 3, fumé avec le nitrate de soude, du carbonate de potasse, du superphosphate de chaux et du plâtre, qui l'occupait. Ce carré occupe cette année le quatrième rang.

Si nous considérons maintenant la richesse en sucre du moût, nous voyons ce dernier carré occuper le premier rang ; puis vient le carré n° 2, tandis que l'année dernière ce carré occupait le premier rang et le n° 3 le quatrième.

Pour le bois, ce sont les carrés 2, 3, 1 qui ont fourni les poids les plus élevés. Il est bon de signaler que le poids est double de celui de l'année dernière.

Nous pouvons donc déduire d'après cela :

1° Que l'azote, sous forme d'ammoniaque et de nitrate de soude, a donné les plus beaux rendements comme récolte et comme argent ;

2° Que la potasse a produit les meilleurs effets, sous forme de carbonate de potasse, pour ce qui concerne le rendement en argent, puis sous forme de sulfate de potasse pour ce qui concerne la richesse en sucre du moût et le poids des sarments ;

3° Que les engrais complets arrivent encore cette année pour tout en première ligne, et que c'est aux formules des carrés 7, 2 et 3, contenant, la première :

> Sulfate d'ammoniaque.
> Carbonate de potasse.
> Superphosphate de chaux ,
> Plâtre ;

la deuxième :

> Nitrate de soude,
> Sulfate de potasse,
> Superphosphate de chaux,
> Plâtre ;

et la troisième :

> Nitrate de soude,
> Carbonate de potasse,
> Superphosphate de chaux,
> Plâtre,

qu'on devra recourir, se réservant toutefois de choisir l'une ou l'autre, selon que l'on désirera encore la quantité ou la richesse en sucre.

Les conclusions de cette année-ci ne sont en discordance de celles de l'année dernière que dans la composition de la première formule et dans la substitution du carbonate de potasse au sulfate, et réciproquement, dans les deuxième et troisième formules.

Champ d'expériences du Bois des Dames

Directeur : M. Aucompte, gérant.

Les traitements contre les maladies cryptogamiques ayant été faits en temps voulu, on n'a pas eu à constater la présence du mildiou. La bouillie Bordelaise employée était composée de 1 kilo de sulfate de cuivre et 1 kilo de chaux pour 100 litres d'eau.

Les engrais ont été répandus à la volée, le 19 février, et enterrés par la charrue vigneronne.

Nous avons ajouté, cette année, une parcelle à notre champ d'expériences, parcelle qui a été fumée au fumier de ferme, mis au pied des souches à la dose de 4 kilos et qui porte le n° 16.

Tableau **D.**

Numéros des Carrés	FUMURES EMPLOYÉES		Poids des raisins par hectare	Richesse du moût en sucre	Poids des sarments par hectare	Classement des Carrés		
	NATURE DES ENGRAIS	Poids par hectare				d'après le rendement	d'après la richesse du moût	d'après le poids des sarments
		k	k		k			
1	Nitrate de soude......... Chlorure de potassium... Superphosphate de chaux. Plâtre...................	329 33 326 80 400 » 400 »	1.492 25	24	1.066 4	8	7	4
2	Nitrate de soude......... Sulfate de potasse........ Superphosphate de chaux. Plâtre...................	329 33 291 78 400 » 400 »	1.972 84	25.5	1.223 9	2	1	3
3	Nitrate de soude......... Carbonate de potasse.... Superphosphate de chaux. Plâtre	329 33 297 09 400 » 400 »	1.599 60	23.5	1.330	6	9	1
4	Nitrate de potasse....... Superphosphate de chaux. Plâtre...................	380 » 400 » 400 »	1.455 63	24.7	837 12	11	4	14
5	Sulfate d'ammoniaque ... Chlorure de potassium... Superphosphate de chaux. Plâtre......	247 » 326 80 400 » 400 »	1.476 96	24	959 76	9	7	9
6	Sulfate d'ammoniaque ... Sulfate de potasse. ...... Superphosphate de chaux. Plâtre...................	247 » 291 78 400 » 400 »	1.322 33	23.7	811 77	12	8	11

TABLEAU **D** (*Suite*).

Numéros des Carrés	FUMURES EMPLOYÉES — NATURE DES ENGRAIS	Poids par hectare	Poids des raisins par hectare	Richesse du moût en sucre	Poids des sarments par hectare	Classement des Carrés		
						d'après le rendement	d'après la richesse du moût	d'après le poids des sarments
		k	k		k			
7	Sulfate d'ammoniaque... Carbonate de potasse..... Superphosphate de chaux. Plâtre..............	247 » 397 09 400 » 400 »	1.983 50	24	1.039 74	1	7	6
8	Tourteau de sésame.. ... Chlorure de potassium... Superphosphate de chaux. Plâtre	260 » 296 40 283 05 400 »	1.759 56	25	1.093 06	3	3	2
9	Tourteau de sésame...... Sulfate de potasse........ Superphosphate de chaux. Plâtre..............	760 » 264 64 283 07 400 »	1.466 30	24.5	986 42	10	3	7
10	Tourteau de sésame...... Carbonate de potasse..... Superphosphate de chaux. Plâtre..............	760 » 264 64 283 07 400 »	1.652 92	25.2	906 44	4	2	12
11	Témoin..............	»	1.077 06	24.5	879 71	13	5	13
12	Chlorure de potassium... Superphosphate de chaux. Plâtre................	326 80 400 » 400 »	1.652 92	24 5	959 76	4	5	9
13	Sulfate de potasse...... Superphosphate de chaux. Plâtre..............	291 88 400 » 400 »	1.599 60	24.2	975 75	6	6	8
14	Carbonate de potasse..... Superphosphate de chaux. Plâtre..............	297 07 400 » 400 »	1.519 62	24.5	1.045 07	7	5	5
15	Nitrate de soude........	329 33	1.503 09	24.2	933 10	5	6	10
16	Fumier de ferme........	4 kil. par souche	693 16	24.7	239 94	14	4	15

Par l'inspection de ce tableau, l'on voit que la parcelle 7, qui a reçu du sulfate d'ammoniaque, du carbonate de potasse, du superphosphate de chaux et du plâtre, a donné le plus de récolte ; puis vient la parcelle 2, fumée avec du nitrate de soude, du sulfate de potasse, du superphosphate de chaux et du plâtre ; puis la parcelle 8, fumée avec du tourteau, du chlorure de potassium, du superphosphate de chaux et du plâtre ; enfin la parcelle 4, fumée avec du nitrate de potasse, du superphosphate de chaux et du plâtre.

Voyons maintenant, dans le tableau E, si ce classement restera le même une fois le prix de la fumure déduit du prix de la récolte.

TABLEAU **E**.

NUMÉROS DES PARCELLES	POIDS de la récolte	VALEUR en argent de la récolte à 30 francs les 100 kilos.	PRIX de la fumure	REVENU net par hectare	CLASSEMENT DES PARCELLES	EXCÉDENT en argent de la récolte par rapport au témoin
1	1.492 k 28	447 f. 68	224 f. 07	223 f. 61	10	— 98 f. 50
2	1.972 84	591 85	227 69	364 16	1	+ 42 05
3	1.599 60	479 88	294 48	185 40	14	— 136 74
4	1.455 63	436 68	246 20	190 48	13	— 131 63
5	1.476 96	442 98	221 61	221 37	12	+ 100 74
6	1.322 33	896 69	225 23	171 46	15	— 151 65
7	1.983 50	595 05	292 02	303 03	7	— 19 08
8	1.759 86	527 75	208 34	319 61	6	— 2 50
9	1.466 30	439 89	212 03	227 86	9	— 94 25
10	1.052 92	495 87	272 55	223 32	11	— 98 79
11	1.077 06	322 11	»	»	5	»
12	1.652 92	495 87	135 16	360 71	3	+ 38 60
13	1.599 60	470 88	138 78	341 10	4	+ 18 99
14	1.519 62	456 88	205 57	251 31	8	— 70 80
15	1.503 62	451 08	88 91	362 17	2	+ 40 05
16	693 16	207 94	106 64	101 30	16	— 220 81

═ 44 ═

Comme ce tableau le démontre, le prix de la fumure a bien modifié le premier classement; la parcelle 7, qui occupait le premier rang, n'occupe maintenant que le sixième, en donnant un revenu inférieur au témoin. Le premier rang est occupé par la parcelle 2, donnant un produit en argent supérieur au témoin ; puis vient la parcelle 15, fumée exclusivement au nitrate de soude ; puis les parcelles 3 et 4 où la matière azotée fait défaut. Toutes les autres parcelles viennent après le témoin.

Maintenant mettons en parallèle, dans le tableau F, les rendements de 1890 et ceux de 1891.

Tableau F.

NUMÉROS DES PARCELLES	Année 1890			NUMÉROS DES PARCELLES	Année 1891		
	Rendement par hectare				Rendement par hectare		
	POIDS des raisins	POIDS des sarments	Richesse du moût		POIDS des raisins	POIDS des sarments	Richesse du moût
1	1.546 k.28	719 k 82	23	1	1.492 k 28	1.064 k 4	21
2	1.892 86	922 42	24 5	2	1.972 84	1.223 9	25 5
3	1.466 30	741 14	24	3	1.599 60	1.333 0	23 5
4	1.492 96	645 16	24 5	4	1.455 63	837 12	24 3/4
5	1.626 26	762 46	24	5	1.476 96	959 76	24
6	1.706 24	661 16	24	6	1.322 33	811 77	23 3/4
7	1.679 38	753 14	24	7	1.983 50	1.039 74	24
8	1.556 28	626 48	24	8	1.759 86	1.093 06	25
9	1.652 92	737 14	23 1/4	9	1.466 30	986 42	24 1/2
10	1.386 32	661 16	24	10	1.652 92	906 44	25 1/4
11	1.093 06	586 52	24	11	1.077 06	879 71	24 5
12	1.277 68	591 84	23 1/4	12	1.652 92	959 76	24 1/2
13	1.572 94	693 16	24	13	1.599 60	975 75	24 1/4
14	1.652 92	677 16	23 1/4	14	1.519 62	1.045 07	24 1/2
15	1.359 66	591 84	24	15	1.503 62	933 10	24 1/4

Nous voyons que l'engrais complet a donné dans les deux années les meilleurs résultats comme récolte, avec cette différence que, l'année dernière, c'était l'engrais de la parcelle 2 qui occupait le premier rang, tandis que cette année cette parcelle occupe le deuxième, le premier étant occupé par la parcelle 7. Mais, comme nous l'avons vu, une fois le prix de l'engrais déduit, la parcelle 2 se trouve reprendre le premier rang.

Le poids des sarments est plus élevé cette année dans toutes les parcelles, et c'est l'engrais complet des parcelles 3 et 2 qui a produit les plus beaux rendements.

Enfin, comme l'année dernière, c'est la parcelle 2 qui a donné le degré en sucre du moût le plus élevé.

Nous pouvons donc encore déduire de ces expériences :

1° Que l'azote nitrique, sous forme de nitrate de soude, a donné les rendements les plus élevés comme argent ;

2° Que la potasse a donné les meilleurs résultats sous forme de sulfate de potasse, non seulement au point de vue du rendement en argent, mais aussi de celui de la richesse en sucre du moût ;

3° Que c'est à l'engrais complet de la parcelle 2, composé de nitrate de soude, de sulfate de potasse, de superphosphate de chaux et de plâtre, qu'on devra encore cette année donner la préférence.

Champ d'expériences de la vigne de la Basse-Terre

Directeur : M. Tacussel.

Dans ce champ les engrais ont été répandus le 21 février en couverture et enterrés aussitôt après par un labour.

Les résultats que nous a transmis M. Tacussel sont consignés dans le tableau G.

Tableau **G.**

NUMÉROS DES PARCELLES	DATES					POIDS des RAISINS		DENSITÉ	CLASSEMENT des parcelles	
	du débourrement	de la floraison	de la véraison	de la maturité	de la vendange	par parcelle	par hectare	du moût	d'après le rendement	d'après la richesse du moût
1	15 Avril	20 Juin	15 au 20 Août	25 Sept.	25 Sept.	73 k 50	6.525 k 07	10°	4	5
2	»	»	»	»	»	78 50	7.265 61	10	2	5
3	»	»	»	»	»	61 »	5.923 »	10 2	5	4
4	»	»	»	»	»	30 »	2.776 69	9 4	11	9
5	»	»	»	»	»	25 50	849 66	9 6	12	7
6	»	»	»	»	»	41 »	3.796 14	11	7	1
7	»	»	»	»	»	78 »	7.208 82	9	3	10
8	»	»	»	»	»	40 50	3.748 33	10	8	5
9	»	»	»	»	»	38 »	3.517 11	10 6	9	2
10	»	»	»	»	»	61 »	5.923 66	10 5	6	3
11	»	»	»	»	»	16 50	691 61	9	13	10
12	»	»	»	»	»	34 »	3.116 88	9 7	10	6
13	»	»	»	»	»	82 »	7.589 55	8 7	1	11
14	»	»	»	»	»	11 »	1.018 11	9 5	14	8
15	»	»	»	»	»	6 »	555 33	9 5	15	8

Ce tableau était accompagné des observations suivantes :

Quatre traitements à la bouillie Bordelaise, 2 p. 0/0 de sulfate de cuivre, ont été faits : le premier, le 14 mai ; le deuxième, le 5 juin ; le troisième, le 20 juin, et le quatrième, le 6 juillet.

Le 15 juin, l'ensemble de la vigne est en grande végétation, sauf dans les carrés 14 et 15, qui avaient éprouvé un retard l'an dernier.

Le 4 septembre, la végétation est médiocre dans le carré 4 et très médiocre dans le carré 5, tandis qu'elle est fort belle dans le carré 6 qui fait suite. Dans les carrés 11, 12 et 14, végétation très médiocre. Ces carrés ont souffert du folletage.

Les carrés 7 et 8 ont beaucoup faibli comme végétation. La fructification s'en est ressentie d'autant. Dans ces deux carrés les feuilles sont devenues rouges de très bonne heure et présentaient l'aspect des feuilles piquées par la cochenille, dont la description a été donnée dans le *Progrès agricole*. Les carrés 11, 14, 15 en ont souffert également. Les raisins de ces carrés ont eu les grains plus petits.

Devant ces observations, il ne nous est guère possible de pouvoir formuler des conclusions pour cette année ; par conséquent les résultats que nous avons reproduits dans le tableau F ne sont donnés que pour mémoire.

Champ d'expériences de la Condamine et de la terre de Beauvoir

Directeur : M. RICARD, propriétaire

L'épandage de l'engrais a eu lieu, dans les deux champs, à la fin du mois de février.

Les résultats que nous a transmis M. Ricard sont consignés ci-dessous.

TABLEAU **II**.

| Numéros des parcelles | Condamine | | Numéros de classement | Beauvoir | | Numéros de classement |
| | POIDS DES RAISINS | | | POIDS DES RAISINS | | |
	par parcelle	par hectare		par parcelle	par hectare	
1	252 k	12.700 k	1	251 k	11.154 k 44	2
2	244	12.200	5	243	10.798 92	3
3	245	12.250	4	260	11.554 44	1
4	172	8.600	14	236	10.487 84	4
5	200	10.000	12	202	8.976 88	6
6	152	7.600	15	204	10.065 76	5
7	230	11.500	7	204	10.065 76	5
8	242	12.100	5	175	7.777 00	8
9	215	10.750	11	174	7.733 56	9
10	247	12.350	3	172	7.643 68	10
11	224	11.200	9	200	8.888 00	7
12	250	12.500	2	167	6.734 88	11
13	222	11.100	10	154	6.843 76	13
14	245	12.250	4	151	6.710 46	14
15	234	11.700	6	162	7.199 28	12
16	181	9.050	13	141	6.266 04	15
17	230	11.500	7	167	6 754 88	11
18	225	11.250	8	175	7 777 00	8

Ces résultats étaient accompagnés des observations suivantes :

Le Rhône est venu dans les terres peu après l'épandage des engrais

La végétation a été normale, et la récolte s'annonçait très belle, lorsqu'est survenue la tempête de vent du 12 juin. Bien des sarments ont été brisés, et la floraison a été très gênée par le battement des sarments contre les tiges. Cette tempête a fait beaucoup de mal aux vignes et a enlevé une moitié de la récolte. Il est par suite impossible de rien conclure de ces essais, à cause de l'irrégularité des dégâts.

Les vignes ont été indemnes de mildiou et ont été traitées quatre fois à la bouillie Bordelaise. Elles ont été soufrées trois fois.

Ces incidents nous empêchent, comme nous le fait observer M. Ricard, de pouvoir tirer cette année des conclusions des résultats de ces deux champs d'expériences.

Champ d'expériences de la Rouvière

Directeur : M. DE CASTELJAU.

Dans nos champs d'expériences de l'année dernière nous n'avions pu faire des observations sur l'efficacité du plâtre, puisque nous l'avions incorporé dans toutes les formules d'engrais sans conserver de carrés témoins. Nous avons remédié à cela cette année, en créant dans le domaine de la Rouvière, par Rochefort (Gard), un nouveau champ d'expérience. M. de Casteljau, propriétaire du domaine, a bien voulu en accepter la direction.

Le terrain dans lequel nous avons opéré fait partie du diluvium Alpin et répond à la composition suivante :

Analyse physique.

Eau................	11	20
Terre fine...........	84	67
Pierres.............	4	13
	100	00

Sable siliceux...	78	»	p. 0/0 de terre fine.
— calcaire............	3	50	—
— argile.............	12	»	—
— humus...........	6	50	—

Analyse chimique.

Azote total..........	1	30	p. 0/00 de terre fine.
Acide phosphorique..	0	80	
Potasse.............	1	75	—
Fer et alumine.......	riche		—

Cette terre est donc de nature siliceuse, riche en azote, en potasse, pauvre en acide phosporique et en chaux. Elle est plantée en Jacquez prenant leur cinquième feuille, conduits en cordon et soumis à la taille Guyot. La plantation est faite à 1ᵐ 75 au carré.

Nous l'avons divisée en douze carrés renfermant chacun 63 souches (7 × 9) et séparés entre eux par une rangée sans engrais.

Nous consignons dans le tableau I les formules d'engrais apporté sur chaque carré, ainsi que les prix par hectare.

TABLEAU I.

NUMÉROS DES CARRÉS	NATURE DES ENGRAIS	POIDS par carré	POIDS par hectare	PRIX des 100 kilos	COUT DE LA FUMURE par hectare	
1	Nitrate de soude.............	4 k 8	220 k	27 f. »	59f40	
	Sulfate de potasse...........	4 30	195	27 »	52 65	163f50
	Superphosphate de chaux...	6 60	300	9 »	27 »	
	Plâtre.....................	13 21	600	4 »	24 »	
2	Nitrate de soude.............	4 88	220	27 »	59 40	
	Sulfate de potasse...........	4 30	195	27 »	52 65	139 05
	Superphosphate de chaux....	6 60	300	9 »	27 »	
3	Sulfate d'ammoniaque......	3 84	175	35 »	61 25	
	Sulfate de potasse..........	4 30	195	27 »	52 65	164 90
	Superphosphate de chaux...	6 60	300	9 »	27 »	
	Plâtre.....................	13 21	600	4 »	24 »	
4	Sulfate d'ammoniaque......	3 84	175	35 »	61 25	
	Sulfate de potasse..........	4 30	195	27 »	52 65	140 90
	Superphosphate de chaux....	6 60	300	9 »	27 »	
5	Nitrate de soude.............	4 88	220	27 »	59 40	
	Superphosphate de chaux....	6 60	300	9 »	27 »	110 40
	Plâtre.....................	13 21	600	4 »	24 »	
6	Nitrate de soude	4 88	220	27 »	59 40	
	Superphosphate de chaux...	6 60	300	9 »	27 »	86 40
7	Sulfate d'ammoniaque.	3 84	175	35 »	61 25	
	Superphosphate de chaux....	6 60	300	9 »	27 »	112 25
	Plâtre.....................	13 21	600	4 »	24 »	
8	Sulfate d'ammoniaque......	3 84	175	35 »	61 25	
	Superphosphate de chaux...	6 60	300	9 »	27 »	88 25
9	Nitrate de soude...........	4 88	220	27 »	59 40	
	Plâtre.....................	13 21	600	4 »	24 »	83 40
10	Témoin...................	»	»	»	»	
11	Plâtre.....................	13 21	600	4	24 »	
12	Nitrate de soude...........	4 88	220	27	59 40	

Ces formules d'engrais ont été répandues à la volée vers le milieu de février et enterrées par un labour ; la vendange a été faite le 22 septembre.

Nous indiquons dans le tableau L les résultats obtenus.

Tableau L.

NUMÉROS DES CARRÉS	POIDS DES RAISINS		POIDS DES SARMENTS		CLASSEMENT d'après le rendement	CLASSEMENT d'après le poids des sarments
	par parcelle	par hectare	par parcelle	par hectare		
1	99 k	5.136 k 99	44 k »	2.273 k 58	9	7
2	85	4.394 68	39 20	2.034 04	11	11
3	102	5.292 66	47 60	2.469 91	7	3
4	125	6.486 11	45 80	2.366 98	2	6
5	101	5.240 77	46 »	2.386 88	8	5
6	123	6.369 63	49 80	2 574 22	3	2
7	134	6.953 11	57 »	2.959 67	1	1
8	103	5.344 55	43 40	2.252 22	6	8
9	89	2.776 84	39 80	2.063 58	10	10
10	109	5.655 87	42 20	2.189 17	5	9
11	110	5.707 77	46 50	2.408 97	4	4
12	61	3.165 09	32 10	1.665 64	12	12

En même temps que les résultats, M. de Casteljau nous a transmis les observations suivantes sur les diverses phases de la végétation du champ d'expériences.

Il était à prévoir que dès les premières années les engrais ne modifieraient que d'une façon peu sensible la végétation.

Débourrement. — Vers le 10 avril le débourrement commence d'une façon irrégulière. Impossible d'observer, entre les carrés, des différences vraiment appréciables. Cependant le 16 avril, on pouvait classer les carrés dans l'ordre suivant :

N° 12.
N°ˢ 3, 5, 6, 7, 8, 11, 4.
N°ˢ 2, 9.
N°ˢ 1, 10.

Floraison. — Au 4 juin apparition des premières fleurs ouvertes. Le 10 on pouvait classer les carrés dans l'ordre suivant :

> N° 9.
> N°ˢ 3, 12, 10.
> N° 2.
> N° 1.
> N°ˢ 5, 6, 7, 11.
> N°ˢ 4, 8.

Le 23 juin, la floraison est à peu près terminée partout, sans que l'on puisse établir des différences sensibles.

Véraison. — Le 20 juillet, la véraison commence partout d'une façon irrégulière. Impossible de faire des différences.

Traitements. — Le 18 mai le temps étant sec et froid, aucune trace de mildiou n'étant visible, on opère le premier traitement a la bouillie, 3 kilos de sulfate de cuivre et 3 kilos de chaux pour 100 litres d'eau, 500 litres de bouillie Bordelaise à l'hectare. Le deuxième traitement est fait le 15 juillet. Deux soufrages, l'un après le premier traitement à la bouillie, l'autre à la véraison. Pas de mildiou ni d'oïdium observés.

Pour ce qui concerne les résultats donnés par les pesages de la vendange et des sarments, ces deux opérations fournissent des éléments d'appréciation très importants.

En se rapportant au tableau L. nous voyons que le carré 7 a donné les rendements les plus élevés ; puis vient le carré 4. La matière azotée de ces deux carrés est sous forme de sulfate d'ammoniaque. Le troisième rang est occupé par le carré 6, dont la matière azotée est sous forme de nitrate de soude ; ce sel, qui dans ce cas a donné d'assez bons résultats, mis au contraire seul dans le carré 12, a donné des rendements inférieurs au témoin comme fruit et comme bois.

Il est fâcheux que nous ne puissions contrôler ce qu'aurait fait le sulfate d'ammoniaque mis seul, comme nous le faisons pour le nitrate de soude. Aussi, comme cette question de la matière azotée est très importante, nous nous proposons, l'année prochaine, de créer un carré de plus, qui sera fumé exclusivement avec ce sel.

Notre sol étant riche en potasse, il était probable que l'apport de cet élément ne produirait aucun effet favorable ; on n'a pour cela qu'à considérer les groupes des 1-5, 2-6, 3-7 et 4-8 pour s'en assurer.

Nous constatons des résultats absolument identiques au point de vue des fruits et au point de vue du bois. Dans les trois premiers groupes, l'apport de potasse produit des effets positifs, mais faibles au point de vue du bois.

Le terrain manquant au contraire d'acide phosphorique, l'apport du phosphate de chaux ne pouvait produire que d'excellents effets ; c'est ce qui résulte de la comparaison des carrés 1 et 5 avec 9, 6 avec 10, 7 avec 11, 4 et 8 avec 12

Le plâtre a exercé une action réelle, aussi bien au point de vue du fruit qu'à celui du bois ; c'est ce qui résulte en effet de la comparaison des carrés 1 avec 2, 5 avec 6, 2 avec 12, 11 avec 10.

Regardons maintenant, dans le tableau M. si le classement des carrés restera le même, après avoir déduit du rendement en argent le prix de la fumure.

TABLEAU M.

NUMÉROS DES CARRÉS	POIDS de LA RÉCOLTE	VALEUR EN ARGENT de la récolte à 30 fr. les 100 kilos	PRIX de LA FUMURE	REVENU NET par hectare	CLASSEMENT DES CARRÉS	EXCÉDENT EN ARGENT de la RÉCOLTE par rapport au témoin
1	5.136 k 99	1 027 f. 39	163 f. 05	864 34	10	— 266 f. 83
2	4.394 68	878 93	139 05	739 88	11	— 394 29
3	5.292 66	1.058 53	104 90	893 63	8	— 237 54
4	6.486 11	1.297 22	140 90	1.156 32	3	+ 25 15
5	5.240 77	1.048 15	110 40	937 75	7	— 193 42
6	6.369 63	1.273 92	86 40	1.497 52	2	+ 66 35
7	6 953 11	1.390 62	112 25	1.288 37	1	+ 157 20
8	5.344 45	1.068 91	88 25	980 66	6	— 150 51
9	4.776 84	955 36	83 40	871 96	9	— 259 21
10	5.655 87	1.131 17	»	»	4	»
11	5.707 77	1.141 55	24 »	1.117 55	8	— 23 62
12	3.165 09	633 01	59 40	573 61	12	— 557 56

Ce tableau nous apprend que le carré 7 conserve le premier rang, que le carré 4 passe au troisième rang, le deuxième étant maintenant occupé par le carré 6, et que le carré 10, témoin, passe au quatrième rang ; qu'enfin tous les autres carrés ont donné un rendement en argent inférieur au témoin.

Ces chiffres nous conduisent aux conclusions suivantes :

1° Que les sels azotés, ajoutés soit au superphosphate de chaux seul, soit au superphosphate de chaux combiné au sulfate de potasse et au plâtre ont exercé une influence heureuse sur le poids de la récolte, et que c'est le sulfate d'ammoniaque qui a donné les meilleurs résultats comme rendement en argent et comme poids des sarments :

2° Que l'acide phosphorique sous la forme de superphosphate de chaux a produit d'excellents résultats sur les raisins et sur le bois ;

3° Que la potasse sous forme de sulfate de potasse n'a produit que peu de résultats, et cela probablement par suite de la richesse du sol en cet élément ;

4° Que le plâtre est un adjuvant précieux, non seulement pour activer la nitrification des substances organiques, mais encore pour transformer les sels de potasse du sol en sulfate de potasse.

3ᵐᵉ ANNÉE D'EXPÉRIENCES

Champ d'expériences de la vigne dite terre de Lafajou

Directeur : M. Accomete, gérant.

La végétation du champ d'expériences n'a rien présenté de fâcheux. Le mildiou n'a pas eu de prise sur les carrés, grâce aux quatre traitements opérés préventivement à la bouillie bordelaise, à 2 o/o de sulfate de cuivre et 2 o/o de chaux.

Les engrais ont été répandus le 10 février et enterrés à la charrue vigneronne aussitôt après. Le carré 18 a été, comme les deux années précédentes, déchaussé, et l'engrais mis au pied des souches.

La vendange s'est effectuée le 10 septembre. Les résultats obtenus dans chaque carré sont consignés dans le tableau A.

TABLEAU **A.**

NUMÉROS DES CARRÉS	FUMURES EMPLOYÉES — NATURE DES ENGRAIS	Poids par hectare	Poids des raisins par hectare	Poids des sarments par hectare	Richesse du moût en sucre	Classement des Carrés		
						d'après le rendement par hectare	d'après le poids des sarments	d'après la richesse du moût en sucre
		k	k	k				
1	Nitrate de soude......... 346 66 ; Chlorure de potassium... 344 » ; Superphosphate de chaux. 400 » ; Plâtre................. 500 »		7.199 28	1.333 20	19	12	3	5
2	Nitrate de soude.. ...... 346 66 ; Sulfate de potasse........ 307 14 ; Superphosphate de chaux. 400 » ; Plâtre................. 500 »		9.776 80	1.555 54	22	2	1	1
3	Nitrate de soude......,. 346 66 ; Carbonate de potasse.... 312 17 ; Superphosphate de chaux 400 » ; Plâtre................. 500 »		9.865 68	1.377 64	19.5	1	2	4
4	Nitrate de potasse........ 400 » ; Superphosphate de chaux 400 » ; Plâtre................. 500 »		9.243 52	1.111 »	19.5	3	4	4
5	Sulfate d'ammoniaque . . 260 » ; Chlorure de potassium... 344 » ; Superphosphate de chaux 400 » ; Plâtre... .... 500 »		8.888 »	1.066 56	21	4	5	2
6	Sulfate d'ammoniaque... 260 » ; Sulfate de potasse....... 307 14 ; Superphosphate de chaux. 400 » ; Plâtre................. 500 »		8.221 40	1.022 12	22	5	6	1

Tableau **A** (*Suite*).

NUMÉROS DES CARRÉS	NATURE DES ENGRAIS	Poids par hectare	Poids des raisins par hectare	Poids des sarments par hectare	Richesse du moût en sucre	Classement des Carrés		
						d'après le rendement par hectare	d'après le poids des sarments	d'après la richesse du moût en sucre
		k	k	k				
7	Sulfate d'ammoniaque.... Carbonate de potasse..... Superphosphate de chaux Plâtre..	260 » 317 72 400 » 500 »	7.877 12	844 36	19	8	9	5
8	Tourteau de sésame.... . Chlorure de potassium... Superphosphate de chaux Plâtre...................	800 » 312 » 276 92 500 »	7.844 76	844 36	17.5	9	9	7
9	Tourteau de sésame...... Sulfate de potasse ...... Superphosphate de chaux Plâtre...................	800 » 278 57 276 92 500 »	8.043 64	1.066 56	17	7	5	8
10	Tourteau de sésame...... Carbonate de potasse..... Superphosphate de chaux. Plâtre......	800 » 283 63 276 92 500 »	8.132 52	933 24	18½	6	7	6
11	Témoin.	»	4.932 84	755 48	21	18	11	2
12	Chlorure de potassium... Superphosphate de chaux. Plâtre...................	314 » 400 » 500 »	6.808 20	739 92	20	14	10	3
13	Sulfate de potasse....... Superphosphate de chaux. Plâtre...................	307 14 276 92 500 »	5.688 32	844 36	21	17	9	2
14	Carbonate de potasse .... Superphosphate de chaux Plâtre...................	312 72 276 92 500 »	7.800 32	888 80	19	10	6	5
15	Nitrate de soude.	346 66	766 70	888 80	19	11	8	5
16	Sulfate d'ammoniaque...	260 »	6.799 32	888 80	20	15	8	3
17	Tourteau de sésame......	800 »	7.065 96	1.066 56	20	13	5	3
18	Nitrate de soude........ Chlorure de potassium .. Superphosphate de chaux. Plâtre...................	346 66 344 » 400 » 500 »	6.399 36	1.066 56	20	16	5	3

Si nous examinons maintenant ce tableau, nous voyons que le carré n° 3, ayant reçu l'engrais composé de nitrate de soude, carbonate de potasse, superphosphate de chaux et plâtre, occupe le premier rang comme ayant donné le poids des raisins le plus élevé; puis vient, au second rang, le carré n° 2, fumé avec du nitrate de soude, du sulfate de potasse, du superphosphate de chaux et du plâtre; le carré n° 4, contenant du nitrate de potasse, de superphosphate de chaux et du plâtre, occupe le troisième rang, etc.

TABLEAU B.

Numéros des carrés	POIDS de la récolte par hectare		VALEUR en argent de la récolte à 30 fr. les 100 kil.		PRIX de la fumure		REVENU net par hectare		CLASSEMENT des carrés	EXCÉDENT en argent de la récolte par rapport au témoin	
	k.		fr.		fr.		fr.			fr.	
1	7.490	28	2.159	78	238	71	1 921	07	14	441	22
2	9.776	80	2.933	04	242	51	2.690	53	1	1.210	08
3	9.865	68	2.959	70	312	72	2.646	98	2	1.167	13
4	9 243	52	2.773	05	262	»	2.511	05	3	1.031	20
5	8.888	»	2.666	40	236	12	2.430	28	4	950	43
6	8.221	40	2.406	42	249	92	2.116	50	10	636	60
7	7.877	12	2.363	13	310	13	2.053	»	11	573	15
8	7.844	76	2.353	42	222	78	2.130	64	9	650	70
9	8 043	64	2.413	09	226	13	2.486	96	6	707	11
10	8.132	52	2.439	75	289	99	2.149	76	8	669	91
11	4 932	84	1.479	85	»	»	»	»	18	»	»
12	6.808	20	2.042	46	145	12	1.897	34	15	417	49
13	5.688	32	1.706	49	148	92	1.557	57	17	77	72
14	7.800	32	2.340	09	219	13	2.120	96	7	641	11
15	7.667	»	2.300	10	93	59	2.206	51	5	726	66
16	6.799	32	2.039	79	91	»	1.948	79	13	468	94
17	7.065	96	2.119	78	96	»	2.023	78	12	543	93
18	6.399	36	1.919	80	238	71	1.681	09	16	201	24

Néanmoins, ce premier classement pourra se modifier en tenant compte du prix de la fumure. car il ne peut exister, pour le propriétaire, qu'un classement, celui qui lui procure un revenu effectif. Or, d'après notre tableau B ci-contre, nous trouvons que c'est le carré n° 2 qui accuse le plus fort rendement en argent, prix de la fumure déduit, et occupe, de ce fait, le premier rang ; le carré n° 3 vient après, par conséquent, le prix élevé de la fumure l'a fait descendre d'un rang. Le carré n° 4 arrive en troisième ligne, il n'a pas varié. Ainsi donc, la réputation que se sont acquise dans nos précédentes expériences, les engrais complets, s'est maintenue et s'affirme même chaque jour davantage.

Comparant les carrés fumés avec les engrais complets et ceux fumés avec les engrais incomplets, nous avons pu contrôler la valeur de la matière azotée, sous forme de nitrate, qui a fait doubler le rendement en argent, comparé au témoin.

La même remarque que l'année dernière et l'année précédente est à faire pour le carré n° 18, qui a été fumé au pied des souches avec le même engrais que le carré n° 1, qui est fumé en couverture : le premier n'arrive même pas à une production de moitié.

Il nous semble utile de mettre en regard, pour le lecteur, le rendement successif des années 1890, 1891 et 1892 dans le tableau C, pour faire mieux constater l'influence des engrais chimiques.

TABLEAU **C.**

Numéros des carrés	ANNÉE 1890			ANNÉE 1891			ANNÉE 1892		
	Rendement par hectare		Richesse du moût en sucre	Rendement par hectare		Richesse du moût en sucre	Rendement par hectare		Richesse du moût en sucre
	Poids des raisins	Poids des sarments		Poids des raisins	Poids des sarments		Poids des raisins	Poids des sarments	
	k	k		k	k		k	k	
1	3.333 »	799 92	19 1/4	4.710 64	1.866 48	19 1/2	7.199 28	1.333 20	19
2	4.755 »	888 80	22 1/2	4.888 40	2.044 24	20 1/2	9.776 80	1.555 54	22
3	5.432 80	911 02	17	4.755 50	1.999 80	21 1/4	9.865 68	1.377 64	19 1/2
4	5.821 64	888 80	20	3.866 28	1.644 48	20	9.243 52	1.111 »	19 1/2
5	4.088 48	841 36	20	3.821 84	1.555 40	18 1/4	8.888 »	1.066 56	21
6	3.244 12	937 68	22 1/4	4.088 48	1.688 72	19 1/4	8.221 40	1.022 12	22
7	2.088 68	799 92	19 1/4	5.332 80	1.555 40	19 1/2	7.877 12	844 36	19
8	3.552 »	732 28	22 1/4	2.854 16	1.377 64	19 1/4	7.844 76	844 36	17 1/2
9	3.955 16	933 24	17	2.666 40	1.288 76	19	8 043 64	1.066 56	17
10	4.300 68	902 13	17 1/2	3.199 68	1.733 16	20	8.132 52	933 24	18 1/2
11	2.522 08	844 36	22 1/2	2.888 60	1.422 08	20	4.932 84	755 48	21
12	2.088 68	799 92	20	2.044 24	1.510 96	20	6.808 20	799 92	20
13	1.633 28	483 84	21 3/4	1.822 04	1.288 76	19 3/4	5.688 32	844 36	21
14	2.222 20	675 48	19 1/2	2.710 84	1.377 64	18 3/4	7.800 32	888 80	19
15	3.644 08	803 80	19	2.888 60	1.466 52	18 1/2	7.667 »	888 80	19
16	3.244 12	799 92	20	2.399 76	1 466 52	18 1/2	6.799 32	888 80	20
17	2.755 28	622 16	19 1/4	2.577 52	1.422 08	18	7.065 96	1.066 56	20
18	2.222 20	799 92	20	2.577 52	1.510 96	»	6.399 36	1.066 56	20

Ce tableau nous démontre bien que ce sont les engrais complets qui tiennent la tête pendant les trois ans, et qu'il existe une progression croissante très sensible dans les rendements. Il est à remarquer, toutefois, qu'en 1890, c'est la formule du carré n° 4 composée de nitrate de potasse, de superphosphate de chaux et de plâtre, qui a produit le plus, alors qu'en 1891 ce carré n'a occupé que le sixième rang. Au premier rang, se montrait le carré n° 7, renfermant l'engrais composé de sulfate d'ammoniaque; de carbonate de potasse, de superphosphate de chaux et de plâtre ; au deuxième, le carré n° 2, fumé avec du nitrate de soude, du sulfate de potasse, du superphosphate de chaux et du plâtre. Cette année-ci, c'est ce carré qui occupe le premier rang. le deuxième est occupé par le carré n° 3, fumé avec du nitrate de soude, du carbonate de potasse, du superphosphate de chaux et du plâtre ; ce carré avait le même classement en 18 0, tandis qu'en 1891 il occupait le troisième.

Si nous examinons maintenant la richesse du moût en sucre, nous nous apercevons que, malgré que le rendement des raisins, soit le double de celui de l'année dernière, le degré en sucre n'a pas diminué ; au contraire, il a augmenté. Ce qui démontrerait, une fois de plus, que certains sels chimiques, tout en élevant la production, ne portent aucun tort à la densité du moût. Le carré n° 2 occupe, cette année, le premier rang, tandis que l'année 1890 il occupait le deuxième et, en 1891, de nouveau le premier.

Pour le bois, c'est encore le carré n° 2 qui occupe le premier rang, puis viennent les carrés n°s 3, 1 et 4.

De ce qui vient d'être exposé, nous pouvons conclure :

1° Que l'azote, sous forme de nitrate, a donné les plus beaux rendements comme récolte et comme argent ;

2° Que la potasse a produit les meilleurs effets, sous forme de carbonate de potasse, pour ce qui concerne la production, mais sous forme de sulfate de potasse, pour ce qui a trait au rendement en argent, la richesse en sucre du moût et le poids des sarments ;

3° Que les engrais complets arrivent encore cette année pour tout en première ligne ; par conséquent, que la formule qui nous paraît la plus recommandable pour ce terrain est celle composée de :

> Nitrate de soude,
> Sulfate de potasse,
> Superphosphate de chaux,
> Plâtre,

qui a fait réaliser le plus grand bénéfice, le plus de sucre et le plus de sarments.

Champ d'expériences du Bois-des-Dames

Directeur : M. AUCOMPTE, propriétaire.

Les traitements contre le mildiou ayant été faits préventivement à la bouillie bordelaise à 2 o/o de sulfate de cuivre et autant de chaux, le champ d'expériences en était indemne.

Les engrais ont été mis sur le sol le 12 février et enterrés aussitôt après par la charrue vigneronne.

Les carrés de notre champ d'expériences ont eu à souffrir d'un orage de grêle, qui n'a nullement nui à nos expériences, mais a diminué la récolte d'un tiers environ.

La vendange a commencé le 19 septembre. Le tableau D donne les résultats obtenus dans chaque carré.

TABLEAU **D.**

Numéros des Carrés	FUMURES EMPLOYÉES — NATURE DES ENGRAIS	Poids par hectare	Poids des raisins par hectare	Richesse du moût en sucre	Poids des sarments par hectare	Classement des Carrés		
		k	k		k	d'après le rendement	d'après la richesse du moût	d'après le poids des sarments
1	Nitrate de soude......... 329 33 Chlorure de potassium... 326 80 Superphosphate de chaux. 400 » Plâtre................... 400 »		1.519 60	21	1.631 59	6	2	3
2	Nitrate de soude......... 329 33 Sulfate de potasse....... 291 78 Superphosphate de chaux. 400 » Plâtre................... 400 »		1.599 60	22	2.639 34	4	1	1
3	Nitrate de soude......... 329 33 Carbonate de potasse.... 297 09 Superphosphate de chaux. 400 » Plâtre . ... 400 »		1.786 22	21	1.226 36	1	2	12
4	Nitrate de potasse....... 380 » Superphosphate de chaux. 400 » Plâtre................... 400 »		1.626 26	21	2.404 73	3	2	2
5	Sulfate d'ammoniaque ... 247 » Chlorure de potassium... 326 80 Superphosphate de chaux. 400 » Plâtre................... 400 »		1.492 96	21	1.306 34	7	2	9
6	Sulfate d'ammoniaque ... 247 » Sulfate de potasse....... 291 78 Superphosphate de chaux. 400 » Plâtre................... 400 »		1.412 98	21	1.119 72	9	2	14

TABLE DES MATIÈRES

2me Année d'expériences.

3me Année d'expériences.

4me Année d'expériences.

Conclusions générales.

TABLEAU **D** (*Suite*).

Numéros des Carrés	FUMURES EMPLOYÉES		Poids des raisins par hectare	Richesse du moût en sucre	Poids des sarments par hectare	Classement des Carrés		
	NATURE DES ENGRAIS	Poids par hectare				d'après le rendement	d'après la richesse du moût	d'après le poids des sarments
		k	k		k			
7	Sulfate d'ammoniaque... Carbonate de potasse..... Superphosphate de chaux. Plàtre...................	247 » 297 09 400 » 400 »	1.759 56	21	1.524 95	2	2	4
8	Tourteau de sésame.. ... Chlorure de potassium... Superphosphate de chaux. Plàtre	260 » 296 40 283 05 400 »	1.528 26	21	. 1.423 64	5	2	7
9	Tourteau de sésame...... Sulfate de potasse........ Superphosphate de chaux. Plàtre...............	760 » 264 64 283 07 400 »	1.466 30	21	1.237 02	8	2	11
10	Tourteau de sésame...... Carbonate de potasse..... Superphosphate de chaux. Plàtre....	760 » 264 64 283 07 400 »	1.279 68	21	1.258 35	10	2	10
11	Témoin..................	»	620 »	21	1.178 37	15	2	13
12	Chlorure de potassium... Superphosphate de chaux. Plàtre...................	326 80 400 » 400 »	1.139 70	21	1.226 36	12	2	12
13	Sulfate de potasse....... Superphosphate de chaux. Plàtre..............	291 78 400 » 400 »	1.033 »	21	1.508 95	14	2	5
14	Carbonate de potasse..... Superphosphate de chaux. Plàtre..............,......	297 07 400 » 400 »	1.279 68	21	1.466 30	10	5	6
15	Nitrate de soude........	329 33	1.119 72	21	1.338 33	13	2	8
16	Fumier de ferme........	4 kil. par souche	1.173 04	21	735 81	11	2	15

En considérant ce tableau, nous voyons que le carré n° 3. fumé avec le nitrate de soude, le carbonate de potasse, le superphosphate de chaux et le plâtre, occupe le premier rang, tandis que le deuxième est occupé par le carré n° 7, renfermant la formule au sulfate d'ammoniaque, carbonate de potasse, superphosphate de chaux et plâtre. Ce carré venait l'année dernière au premier rang.

La formule du carré n° 4. composée de nitrate de potasse, de superphosphate de chaux et de plâtre. occupe le troisième rang ; le quatrième est pris par le carré n° 2. fumé avec du nitrate de soude, du sulfate de potasse, du superphosphate de chaux et du plâtre. Ce dernier avait le n° 2 l'année dernière.

TABLEAU E.

NUMÉROS DES CARRÉS	POIDS de la récolte par hectare	VALEUR en argent de la récolte à 30 francs les 100 kilos.	PRIX de la fumure	REVENU net par hectare	CLASSEMENT DES CARRÉS	EXCÉDENT en argent de la récolte par rapport au témoin
1	1.519 k 60	455 f. 83	224 f. 07	231 f. 81	5	45 f. 81
2	1.509 60	479 88	227 69	252 18	1	66 18
3	1.786 22	535 86	291 48	241 38	4	55 38
4	1.626 26	487 87	246 20	241 67	3	55 67
5	1.492 96	447 88	221 61	226 27	7	40 27
6	1.412 98	423 87	225 23	198 64	12	12 64
7	1.759 56	517 86	292 02	225 84	9	39 84
8	1.528 26	458 40	208 34	250 06	2	64 06
9	1.466 30	439 »	212 03	226 97	6	40 97
10	1.279 68	383 »	272 55	110 45	16	— 75 55
11	620 »	186 »	»	186 »	13	»
12	1.199 70	359 91	135 16	224 75	10	38 75
13	1.033 »	309 90	138 78	171 12	15	— 14 88
14	1.279 68	383 90	205 57	178 33	14	— 7 67
15	1.050 »	315 »	88 91	226 »	8	40 »
16	1.073 04	321 91	106 64	215 27	11	29 27

Si on examine, dès à présent, le tablean E, l'on voit que le carré n° 2, qui occupait précédemment le quatrième rang, passe en tête ; puis vient le carré n° 8, qui était au cinquième rang ; au troisième vient le carré n° 4. Ce carré a conservé sa place.

Comme nous l'avons fait pour notre premier champ d'expériences, si nous mettons en parallèle, dans le tableau F, les rendements de 1890, 1891 et ceux obtenus cette année, nous voyons que l'engrais complet arrive, pendant les trois années, en première ligne, avec cette différence qu'en 1890 l'engrais du carré n° 2 tenait le premier rang ; qu'en 1891, c'était le carré n° 7, tandis que cette année, c'est le carré n° 3. Mais, comme nous l'avons déjà indiqué, une fois le prix de la fumure déduit, le carré n° 2 vient encore cette année occuper le premier rang.

Malgré la grêle, le poids du bois a augmenté, et c'est encore le carré n° 2 qui a donné le poids le plus élevé.

Enfin, comme les deux années précédentes, c'est encore le même carré qui a donné le degré supérieur en sucre.

D'après ce qui vient d'être dit, nous concluons :

1° Que l'azote, sous forme de nitrate de soude, a donné les rendements les plus élevés comme argent ;

2° Que la potasse a donné les meilleurs résultats, sous forme de sulfate de potasse, non seulement au point de vue du rendement en argent, mais aussi à celui du poids des sarments et de la richesse en sucre du moût ;

3° Que c'est à l'engrais complet du carré n° 2, composé de :

> Nitrate de soude,
> Sulfate de potasse,
> Superphosphate de chaux,
> Plâtre,

qu'on devra donner la préférence.

Les conclusions de cette année sont exactement les mêmes que celles des années 1890 et 1891. De plus, elles sont conformes à celles de notre premier champ d'expériences, qui appartient aussi au diluvium alpin.

Champ d'expériences de la vigne de la Basse-Terre

Directeur : M. TACUSSEL, propriétaire.

Voici les observations que nous a adressées M. Tacussel au sujet de ce champ d'expériences :

« Rien à noter au sujet du débourrement et de la floraison. Aucune trace de mildiou. Il a été fait seulement trois traitements à la bouillie bordelaise. Pas d'anthracnose, ni d'oïdium.

« La récolte a été sensiblement la même que l'an dernier, et le poids

TABLEAU **F**.

Numéros des carrés	ANNÉE 1890			ANNÉE 1891			ANNÉE 1892		
	Rendement par hectare		Richesse du moût en sucre	Rendement par hectare		Richesse du moût en sucre	Rendement par hectare		Richesse du moût en sucre
	Poids des raisins	Poids des sarments		Poids des raisins	Poids des sarments		Poids des raisins	Poids des sarments	
	k	k		k	k		k	k	
1	1.546 28	719 82	23	1.492 28	1.066 4	24	1.519 60	1.631 59	21
2	1.892 86	922 42	24 5	1.972 84	1.223 9	25 5	1.599 60	2.639 24	22
3	1.466 39	741 12	24	1.599 60	1.333 »	13 5	1.786 22	1.226 6	24
4	1.492 96	645 16	24 5	1.455 63	837 12	24 3/4	1.626 26	2.404 73	24
5	1.626 26	702 46	24	1.476 96	957 76	24	1.492 96	1.306 31	24
6	1.706 24	664 16	24	1.322 33	811 77	23 3/4	1.412 98	1.119 72	24
7	1.679 38	753 14	24	1.983 50	1.039 74	24	1.759 56	1.524 95	24
8	1.546 28	626 48	24	1.759 56	1.093 06	25	1.528 26	1.428 61	24
9	1.652 92	734 14	23 1/4	1.466 30	986 42	24 1/5	1.466 30	1.237 02	21
10	1.386 32	664 16	24	1.652 92	906 44	25 1/4	1.279 68	1.258 35	24
11	1.093 66	586 52	24	1.077 06	879 71	24 5	620 »	1.478 37	21
12	1.277 68	591 84	23 1/4	1.652 92	959 76	24 1/2	1.179 70	1.226 36	24
13	1.572 94	693 16	24	1.599 60	975 75	24 1/4	1.033 »	1.508 95	24
14	1.652 92	677 16	24 1/4	1.519 62	1 045 07	24 1/2	1.279 68	1.466 30	24
15	1.359 66	591 84	24	1.503 62	933 10	24 1/4	1.050 »	1.388 33	21
16	»	»		693 16	239 94	24 3/4	1.073 04	735 81	24

des raisins par carré est équivalent à celui de l'année dernière. La vendange a eu lieu le 1er septembre, devançant de beaucoup la précédente. Elle a été faite lorsque l'ensemble a donné au glucomètre 10° à 10°5.

« Le pourridié, qui présentait quelques points d'attaque l'an dernier, continue malheureusement son œuvre de destruction, et rien n'est plus fâcheux, car les souches .indemnes et qui sont en pleine production ne laissent rien à désirer. C'est ainsi que plusieurs souches ont dépassé 12 kilos, et cela depuis trois ans. Ce qui annonce une production soutenue et fait bien augurer pour l'avenir.

« Mais à côté de ces souches vigoureuses, d'autres restent absolument rabougries sous l'influence de la marche envahissante de la terrible maladie. »

Ce champ d'expériences, fort intéressant la première année, est entravé maintenant par l'action du pourridié. Nous ne voyons pas l'utilité de le continuer cette année-ci, de peur d'induire en erreur les agriculteurs, M. Tacussel se proposant, pour tâcher d'enrayer la maladie, de faire un traitement énergique au sulfure de carbone.

Il est d'autant plus regrettable qu'il en soit ainsi que nous avions trouvé en M. Tacussel un directeur de champ d'expériences très entendu et très dévoué.

Champ d'expériences de la Condamine

Directeur : M. RICARD, propriétaire.

Les traitements contre le mildiou, au nombre de quatre, ont été faits préventivement à la formule de 3 kilos de sulfate de cuivre, 2 kilos de mélasse et 2 kilos de chaux pour le premier traitement, et à 2 kilos de sulfate de cuivre pour les autres (mêmes doses de chaux et de mélasse).

Trois soufrages, un au début de la végétation, un à la floraison, un avant la véraison. En outre, deux traitements à la chaux ont été appliqués au cours de la végétation.

Les souches se sont ressenties de la tempête de vent de l'année dernière, qui les avait abîmées et en avait gêné la taille.

Le fruit a été cependant très beau et le bois est très sain. Il n'a été fait aucune différence entre les divers carrés, soit au point de vue de la maturité du fruit, soit au point de vue de la résistance aux maladies.

Les résultats de la vendange par carré sont consignés dans le tableau M.

TABLEAU **M**.

NUMÉROS DES CARRÉS	FUMURES EMPLOYÉES		POIDS des raisins par hectare	CLASSEMENT des carrés d'après le poids des raisins
	NATURE DES ENGRAIS	POIDS par hectare		
		k	k	
1	Nitrate de soude............ Chlorure de potassium...... Superphosphate de chaux. ... Plâtre.....................	200 » 198 40 200 04 300 »	12.250	10
2	Nitrate de soude............ Sulfate de potasse........... Superphosphate de chaux.... Plâtre.....................	200 » 177 17 200 » 300 »	15.706	2
3	Nitrate de soude............ Carbonate de potasse........ Superphosphate de chaux... Plâtre....................	200 » 180 40 200 » 300 »	9.850	14
4	Nitrate de potasse.......... Superphosphate de chaux.... Plâtre.....................	230 76 200 » 200 »	14.600	6
5	Sulfate d'ammoniaque...... Chlorure de potassium...... Superphosphate de chaux.... Plâtre.....................	150 » 198 44 200 » 300 »	15.650	3
6	Sulfate d'ammoniaque...... Sulfate de potasse.......... Superphosphate de chaux... Plâtre.....................	150 » 177 77 200 » 300 »	15.750	1
7	Sulfate d'ammoniaque...... Carbonate de potasse....... Superphosphate de chaux.... Plâtre.....................	150 » 180 40 200 » 300 »	15.515	4
8	Tourteau de sésame .... Chlorure de potassium...... Superphosphate de chaux... Plâtre.....................	461 54 140 » 124 46 300 »	15.400	5
9	Tourteau de sésame......... Sulfate de potasse.......... Superphosphate de chaux... Plâtre.....................	461 54 160 71 124 46 300 »	14.000	8

Tableau **M** *(Suite).*

NUMÉROS DES PARCELLES	FUMURES EMPLOYÉES		POIDS des raisins par hectare	CLASSEMENT des carrés d'après le poids des raisins
	NATURE DES ENGRAIS	POIDS par hectare		
		k	k	
10	Tourteau de sésame......... Carbonate de potasse.... ... Superphosphate de chaux... Plâtre......	461 54 163 53 124 46 300 »	10.200	13
11	Chlorure de potassium...... Superphosphate de chaux... Plâtre......................	198 44 200 » 300 »	12.550	9
12	Sulfate de potasse........... Superphosphate de chaux... Plâtre......................	177 17 200 » 300 »	11.550	11
13	Carbonate de potasse....... Superphosphate de chaux... Plâtre.....................	180 40 200 » 300 »	9.650	16
14	Nitrate de soude...........	200 »	9.800	15
15	Sulfate d'ammoniaque......	150 »	9.300	17
16	Tourteau de sésame........	461 54	7.600	18
17	Témoin....................	»	10.600	12
18	Nitrate de soude........... Sulfate de potasse......... Superphosphate de chaux..., Plâtre...............	200 » 177 17 200 » 300 »	14.300	7

Si l'on considère ce tableau, l'on voit que la formule du carré 6 a
donné le rendement le plus élevé, suivi de près par celui qu'a donné la
formule du carré n° 2. La première est composée de sulfate d'ammoniaque, de sulfate de potasse, de superphosphate de chaux et de plâtre
et la seconde de nitrate de soude, de sulfate de potasse, de superphosphate de chaux et de plâtre. Il est un fait à noter : que cette dernière
formule mise au pied des souches dans le carré n° 18 ne vient qu'au
septième rang.

Cherchons si le prix de la fumure peut faire varier ce premier classement ; nous n'avons pour cela qu'à consulter le tableau N.

Tableau N.

NUMÉROS des carrés	POIDS de la récolte par hectare	VALEUR en argent de la récolte à 16 fr. les 100 kil.		PRIX de la fumure		REVENU net par hectare		CLASSEMENT des carrés	EXCÉDENT en argent de la récolte par rapport au témoin	
	k.	fr.		fr.		fr.			fr.	
1	12.250	1.960	»	135	64	1.824	36	10	128	36
2	15.706	2.515	96	137	83	2.377	03	2	681	93
3	9.850	1.576	60	178	39	1.398	21	16	— 297	79
4	14.600	2.336	60	149	07	2.187	53	6	491	53
5	15.650	2.504	»	134	14	2.369	86	3	673	86
6	15.750	2.520	»	136	33	2.383	67	1	687	67
7	15.515	2.482	40	176	89	2.305	51	5	609	51
8	15.400	2.464	»	116	78	2.347	22	4	651	22
9	14.000	2.240	»	127	97	2.112	03	8	416	03
10	10.200	1.632	»	164	75	1.467	25	14	— 228	75
11	12.550	2.008	»	81	64	1.926	36	9	230	36
12	11.550	1.848	»	83	83	1.764	17	11	68	17
13	9.650	1.544	»	124	39	1.319	61	17	— 376	39
14	9.800	1.568	»	54	»	1.514	»	13	— 182	»
15	9.300	1.488	»	52	50	1.535	50	15	— 260	50
16	7.600	1.216	»	55	38	1.160	62	18	— 536	»
17	10.600	1.696	»	»	»	1.696	»	12	»	»
18	14.300	2.288	»	137	83	2.150	17	7	454	17

Le classement restant le même, nous pouvons en conclure :

1° Que le sulfate d'ammoniaque et le nitrate de soude ont donné les meilleurs résultats ;

2° Que la potasse a produit les meilleurs effets sous forme de sulfate de potasse ;

3° Que les engrais complets arrivent en première ligne, et que c'est aux formules des carrés 6 et 2 qu'on devra donner la préférence pour des terrains semblables.

Champ d'expériences de la terre Beauvoir

Directeur : M. RICARD, propriétaire.

Les observations au sujet des traitements contre les maladies cryptogamiques et la végétation des carrés sont identiquement les mêmes que celles données pour le champ d'expériences de la Condamine.

Nous reproduisons dans le tableau S les rendements des carrés en raisins, ainsi que le poids des sarments.

TABLEAU **S**.

NUMÉROS DES CARRÉS	FUMURES EMPLOYÉES — NATURE DES ENGRAIS	Poids par hectare	Poids des raisins par hectare	Poids des sarments par hectare	Classement des carrés d'après le rendement en raisins	Classement des carrés d'après le rendement des sarments
		k	k	k		
1	Nitrate de soude..........	246 20	21.597 84	2.888 60	3	6
	Chlorure de potassium...	244 42				
	Superphosphate de chaux.	333 30				
	Plâtre...................	444 40				
2	Nitrate de soude..	246 20	18.398 16	2.799 72	9	7
	Sulfate de potasse........	217 76				
	Superphosphate de chaux.	333 30				
	Plâtre...................	444 40				
3	Nitrate de soude..........	246 20	21.508 96	3.110 80	4	2
	Carbonate de potasse.....	222 20				
	Superphosphate de chaux	333 30				
	Plâtre...................	444 40				
4	Nitrate de potasse........	283 97	19.864 68	3.066 36	7	4
	Superphosphate de chaux	333 30				
	Plâtre...................	444 40				
5	Sulfate d'ammoniaque ...	184 82	16.887 20	2.310 88	14	9
	Chlorure de potassium...	244 42				
	Superphosphate de chaux	333 35				
	Plâtre...................	444 40				

Tableau **S** (*Suite*).

NUMÉROS DES CARRÉS	FUMURES EMPLOYÉES — NATURE DES ENGRAIS	Poids par hectare	Poids des raisins par hectare	Poids des sarments par hectare	Classement des carrés d'après le rendement en raisin	Classement des carrés d'après le rendement des sarments
		k	k	k		
6	Sulfate d'ammoniaque... 184 82 Sulfate de potasse....... 217 76 Superphosphate de chaux. 333 30 Plâtre................ 444 40		20.486 84	3.555 20	5	1
7	Sulfate d'ammoniaque.... 184 82 Carbonate de potasse..... 222 20 Superphosphate de chaux 333 30 Plâtre.. .... 444 40		16.353 92	3.110 80	15	2
8	Tourteau de sésame..... 567 04 Chlorure de potassium ... 222 20 Superphosphate de chaux 245 75 Plâtre................. 444 40		17.242 72	2.977 48	11	5
9	Tourteau de sésame...... 567 04 Sulfate de potasse ...... 567 94 Superphosphate de chaux 245 75 Plâtre................ 444 40		21.753 48	3.110 80	2	2
10	Tourteau de sésame...... 567 94 Carbonate de potasse..... 202 20 Superphosphate de chaux. 345 75 Plâtre...... .... 444 40		17.420 48	3.110 80	10	2
11	Témoin................ »		17.153 84	2.755 28	12	8
12	Chlorure de potassium... 244 42 Superphosphate de chaux. 333 30		17.109 40	2.888 60	13	6
13	Sulfate de potasse........ 217 76 Superphosphate de chaux. 333 30		20.072 44	2.222 »	6	10
14	Carbonate de potasse .... 222 20 Superphosphate de chaux 333 30		14.665 20	2.310 88	16	9
15	Nitrate de soude....... 246 20		18.620 30	3.110 80	8	2
16	Sulfate d'ammoniaque... 184 82		14.576 32	2.755 28	17	8
17	Tourteau de sésame...... 567 94		12.887 60	2.222 »	18	10
18	Nitrate de soude........ 246 20 Chlorure de potassium.... 222 20 Superphosphate de chaux. 333 30 Plâtre................ 444 40		22.053 22	3.089 68	1	3

Nous voyons, d'après ce tableau, que c'est le carré 18 qui tient le premier rang pour la production en raisins. Ce carré a été fumé au pied des souches avec l'engrais complet composé de nitrate de soude, carbonate de potasse, superphosphate de chaux et plâtre. Le carré n° 9 vient ensuite, renfermant du tourteau de sésame, du sulfate de potasse, du superphosphate de chaux et du plâtre. Le troisième rang est occupé par le carré n° 1, composé de nitrate de soude, de chlorure de potassium, de superphosphate de chaux et de plâtre ; le quatrième est pris par le carré n° 3, ayant reçu du nitrate de soude, du carbonate de potasse, du superphosphate de chaux et du plâtre, etc.

Considérons à présent, dans le tableau R, si le prix de la fumure apportera une modification dans ce premier classement.

TABLEAU R.

NUMÉROS DES CARRÉS	POIDS de LA RÉCOLTE par hectare		VALEUR EN ARGENT de la récolte à 15 fr. les 100 kilos		PRIX de LA FUMURE		REVENU NET par hectare		CLASSEMENT DES CARRÉS	EXCÉDENT EN ARGENT de la RÉCOLTE par rapport au témoin	
	k		fr.		fr.		fr.			fr.	
1	21.597	84	3.239	67	179	32	3.060	35	3	487	25
2	18.398	16	2.759	72	171	91	2.567	81	10	5	26
3	21.508	96	3.226	34	231	99	2.994	35	4	421	28
4	19.864	68	2.978	70	195	79	2.822	91	7	321	24
5	16.887	20	2.533	08	177	54	2.356	54	14	— 116	53
6	20.486	84	3.073	02	180	12	2.892	90	6	319	83
7	16.363	92	2.453	08	230	20	2.222	88	15	— 350	19
8	17.242	72	2.586	40	169	02	2.417	38	12	— 155	71
9	21.753	48	3.263	02	170	46	3.092	56	1	519	49
10	17.420	48	2.613	07	215	99	2.397	08	13	— 175	99
11	17.153	84	2.573	07	»		2.573	07	9	»	
12	17.109	40	2.566	41	86	20	2.480	21	11	— 92	86
13	20.072	44	3.010	86	88	78	2.922	08	5	349	01
14	14.665	20	2.199	78	138	67	2.061	11	17	— 511	96
15	18.620	30	2.793	»	66	68	2.726	32	8	153	25
16	14.576	32	2.186	44	64	65	2.121	79	16	— 451	28
17	12.887	60	1.933	44	68	15	1.864	99	18	1.308	08
18	22.053	22	3.307	98	231	99	3.075	99	2	502	92

Le carré n° 9, qui occupait le deuxième rang, passe au premier, le deuxième étant occupé par le carré n° 18 ; puis vient le carré n° 1, qui conserve ainsi sa place, de même que le carré n° 3, qui suit, etc.

De ces résultats, on peut déduire :

1° Que le nitrate de soude a donné le rendement le plus élevé en raisins, tandis qu'au point de vue pécuniaire c'est le tourteau de sésame ;

2° Il en a été de même pour la potasse qui, sous le rapport de la production, est sous forme de carbonate et, au point de vue du rendement en argent, sous celle de sulfate de potasse ;

3° Que c'est l'engrais complet du carré n° 9, composé de

Tourteau de sésame,
Sulfate de potasse,
Superphosphate de chaux,
Plâtre,

qui a accru le plus le revenu.

Champ d'expériences de la Rouvière

Directeur : M. DE CASTELJAU.

On se rappelle que, dans nos précédents champs d'expériences, nous n'avions pu faire des observations sur l'efficacité du plâtre, puisque nous l'avions incorporé dans toutes les formules d'engrais sans conserver de carré témoin. Nous avions remédié à cela l'an passé en créant dans le domaine de la Rouvière, par Rochefort (Gard), un nouveau champ d'expériences, sous la direction de M. de Casteljau, propriétaire du domaine. Ces expériences ont été renouvelées cette année dans les mêmes conditions.

Nous savons que le plâtre peut agir plus ou moins, suivant la composition du sol ; c'est pourquoi, afin d'en expliquer les effets, nous allons de nouveau indiquer l'analyse de notre champ d'expériences.

Analyse physique.

Eau...................	11	20
Terre fine............	84	67
Pierres..............	4	13
	100	00

Sable siliceux...........	78	»	p. 0/0 de terre fine.
— calcaire...........	3	50	—
— argile.............	12	»	—
— humus............	6	50	—

Analyse chimique.

Azote total..........	1	30	p. 0/0 de terre fine.
Acide phosphorique..	0	80	—
Potasse.............	1	75	—
Fer et alumine.......	riche		—

Cette terre est donc siliceuse, riche en azote et en potasse, mais pauvre en acide phosphorique et très pauvre en chaux.

Elle est plantée en jacquez prenant leur sixième feuille, conduits en cordon et soumis à la taille Guyot. La plantation est faite à 1 m. 75 au carré ; elle est divisée en 12 carrés, renfermant chacun 63 souches, 7 sur 9, et séparés entre eux par une rangée sans engrais.

Les engrais ont été répandus en couverture le 4 et 5 mars et enterrés par un labour. La vendange, opérée le 24 septembre, donne, dans le tableau G, les résultats suivants :

Tableau G.

Numéros des Carrés	FUMURES EMPLOYÉES		Poids des raisins par hectare	Classement des carrés
	NATURE DES ENGRAIS	Poids par hectare		
		k	k	
1	Nitrate de soude Sulfate de potasse Superphosphate de chaux Plâtre	220 195 300 600	8.900 47	7
2	Nitrate de soude Sulfate de potasse Superphosphate de chaux	220 195 300	6.762 06	11
3	Sulfate d'ammoniaque Sulfate de potasse Superphosphate de chaux Plâtre	175 195 300 600	12.299 20	2
4	Sulfate d'ammoniaque Sulfate de potasse Superphosphate de chaux	175 195 300	11.848 57	3
5	Nitrate de potasse Superphosphate de chaux Plâtre	220 300 600	9.210 55	6
6	Nitrate de soude Superphosphate de chaux	220 300	8.317 93	8
7	Sulfate d'ammoniaque Superphosphate de chaux Plâtre	175 300 600	13.043 90	1
8	Sulfate d'ammoniaque Superphosphate de chaux	175 300	9.515 07	5
9	Nitrate de soude Plâtre	220 600	7.360 47	10
10	Témoin	»	7.839 20	9
11	Plâtre	600	10.053 33	4
12	Nitrate de soude	220	5.864 44	12

En même temps que ces résultats, M. de Casteljau nous a transmis les observations suivantes sur les diverses phases de la végétation du champ d'expériences.

Le 5 avril, le débourrement est commencé partout d'une façon à peu près uniforme. Il est fini partout le 15 avril, sans qu'il soit possible d'établir un classement des carrés.

Le 19 mai, premier traitement préventif contre le mildiou, bouillie bordelaise à 3 kilos de sulfate de cuivre et 3 kilos de chaux pour 100 litres d'eau. Emploi de 6 hectolitres de bouillie à l'hectare. Pas de traces de mildiou. Immédiatement après, premier traitement au soufre.

Le 27 mai, épanouissement très régulier des premières fleurs.

Le 31 mai, on peut très sensiblement classer les carrés au point de vue de la floraison dans l'ordre suivant :

Nᵒˢ des carrés.	Nᵒˢ de classement.
12	1
4 et 10	2
3	3
8 et 9	4
2	5
1 et 7	6
5 et 11	7
6	8

Le 15 juillet, quelques traces très faibles de mildiou sont observées. On exécute aussitôt un second traitement à la bouillie bordelaise, même formule. Le mal est immédiatement enrayé ; deuxième traitement au soufre.

Le 11 août, au point de vue de la véraison, on classe les carrés dans l'ordre suivant :

Nᵒˢ des carrés.	Nᵒˢ de classement.
12	1
1	2
2, 5 et 10	3
8 et 9	4
3 et 11	5
4 et 6	6
7	7

Des observations relatives au débourrement, à la floraison et à la véraison semble se dégager une seule conclusion pratique : le nitrate de soude mis seul stimule la végétation au printemps, les observations de l'an passé conduisent à la même conclusion. On peut même ajouter que le nitrate de soude continue son effet jusqu'en automne, puisque cette année le carré nᵒ 12 est resté vert plus longtemps que les autres.

Ce qui démontrerait que dans les terrains de M. de Casteljau, déjà pourvus d'azote, c'est le sulfate d'ammoniaque qui y donne les meilleurs résultats au point de vue du rendement des raisins, tandis que le nitrate de soude pousse à la végétation au détriment de la fructification.

Nous n'avons pour le constater qu'à nous rapporter au tableau G. Nous voyons, en effet, que ce sont encore les carrés nᵒˢ 7, 3 et 4 qui ont donné les rendements les plus élevés.

Comme l'année dernière, ce tableau nous démontre, aussi que les sels potassiques n'ont eu aucune influence manifeste sur le rendement, et cela à cause de la teneur en potasse du terrain. Il n'en a pas été de même pour l'apport de l'acide phosphorique, qui est le principal élément réclamé par les terres de la Rouvière.

Enfin ce même tableau nous met en évidence l'efficacité si concluante du plâtre dans nos expériences. On peut dire qu'il a exercé une action indiscutable, puisque le carré n° 11, qui n'a reçu que cette matière, est le quatrième comme production, et que tous les autres carrés sans exception, qui en contiennent assimilé avec d'autres formules, ont un excédent qui varie entre 451 et 3,531 kilos de raisins sur leur carré correspondant sans plâtre

Regardons maintenant dans le tableau II si le classement des carrés restera le même, après avoir déduit du rendement en argent le prix de la fumure.

TABLEAU II.

NUMÉROS DES CARRÉS	POIDS de la récolte par hectare	VALEUR en argent de la récolte à 20 francs les 100 kilos.	PRIX de la fumure	REVENU net par hectare	CLASSEMENT DES CARRÉS	EXCÉDENT en argent de la récolte par rapport au témoin
	k	fr.	fr.	fr.		fr.
1	8.900 47	1.780 09	163 05	1.617 04	7	49 20
2	6.762 06	1.352 41	139 05	1.213 36	11	— 354 48
3	12.299 20	2.459 84	164 90	2.293 94	2	726 10
4	11.848 57	2 349 71	140 90	2.228 81	3	600 97
5	9.210 55	1.842 11	110 40	1.731 71	6	163 87
6	8.317 93	1.663 58	86 40	1.577 18	8	09 34
7	13.043 90	2.608 78	112 25	2.496 53	1	928 69
8	9.515 07	1.903 01	88 25	1.814 76	5	247 92
9	7.360 47	1.472 19	83 40	1.388 78	10	— 179 05
10	7.839 20	1.567 84	»	1.567 84	9	»
11	10.053 33	2.010 66	24 »	1.986 66	4	418 82
12	5.864 44	1.172 88	59 40	1.113 48	12	— 454 36

Ce tableau nous indique que le prix de la fumure n'a pas fait changer le classement des carrés.

Maintenant mettons en regard les rendements de 1891 et ceux de 1892 dans le tableau I.

Tableau **I.**

NUMÉROS	**1891**	NUMÉROS	**1892**
DES PARCELLES	POIDS DES RAISINS par hectare	DES PARCELLES	POIDS DES RAISINS par hectare
1	5.136 k 99	1	8.900 k 47
2	4.394 68	2	6.762 06
3	5.292 96	3	12.299 20
4	6.486 11	4	11.848 57
5	5.240 77	5	9.210 55
6	6.369 63	6	8.317 93
7	6.953 11	7	13.043 90
8	5.344 55	8	9.515 07
9	4.776 84	9	7.360 47
10	5.655 87	10	7.839 20
11	5.707 77	11	10.053 33
12	3.165 09	12	5.864 44

Par la lecture de ce tableau, il est facile de s'apercevoir que les rendements de cette année sont le double de ceux de l'année dernière et que les plus élevés sont encore donnés par les mêmes formules, ce qui nous permet de tirer les mêmes conclusions, savoir :

1º Que l'azote, sous forme de sulfate d'ammoniaque, a donné les meilleurs résultats comme rendement en argent ;

2º Que l'acide phosphorique, sous forme de superphosphate de chaux, a produit d'excellents effets ;

3º Que la potasse n'a produit que peu de résultats et cela probablement par suite de la richesse du sol en cet élément ;

4º Que le plâtre est un adjuvant précieux pour la nitrification des matières organiques, et pour l'apport du soufre et de la chaux que peut bien nécessiter la pauvreté du sol en ces éléments.

En cela nous nous rangeons à l'avis émis par M. Pichard, que le plâtre agit sur la nitrification, et à celui émis par MM. Muntz et Girard, que le plâtre peut être considéré comme un engrais apportant du soufre et de la chaux, sans toutefois être exclusif là-dessus.

Cette question de l'influence du plâtre, pour n'en être pas moins certaine, n'est pas définitivement tranchée, ainsi que le disait récemment notre excellent collègue M. Battanchon, dans une étude parue dans un bulletin de *la Vigne américaine*, où il condense toutes les diverses opinions de nos plus grands chimistes.

Quoique notre conclusion diffère un peu de celle de M. Battanchon, nous admettons très bien comme lui que le plâtre ne pourra donner d'excellents résultats que dans des terres riches en matières organiques et qu'il devra être apporté le moins possible isolément, c'est-à-dire sans le mélanger, soit avec du fumier de ferme, soit avec des engrais végétaux ou minéraux.

4me ANNÉE D'EXPÉRIENCES

Pour la quatrième année nous allons revenir sur nos champs d'expérences d'engrais appliqués à la culture de la vigne ; persuadé qu'elles seront goûtées par nos lecteurs, étant donné l'importance que ces quatre années successives ont acquise à nos conclusions, et qu'il s'agit en outre d'un sujet tout d'actualité, d'un grand intérêt pour le viticulteur.

La sécheresse excessive de l'été que nous venons de passer a compromis la récolte de deux champs d'expériences ; pour ne pas induire en erreur, nous n'en donnerons pas les résultats.

Nous sommes heureux de constater que nos efforts n'ont pas été inutiles et que nous sommes arrivé à des conclusions qui ouvrent une voie à peu près sûre à la propagation des engrais chimiques par un emploi raisonné.

Champ d'expériences de la vigne dite terre de Lafajou

Directeur : M. Aucompte, gérant.

Rien de fâcheux ne nous a été signalé sur la végétation des souches. Les traitements à la bouillie bordelaise à 2 o/o de sulfate de cuivre et autant de chaux, au nombre de trois, ont été opérés préventivement, pas traces de mildiou constaté.

L'engrais a été répandu en couverture le 12 mars, sauf pour le carré n° 18, où l'engrais a été mis au pied des souches comme les années précédentes. Il a été enterré aussitôt par un labour à la charrue vigneronne.

La maturité ayant été cette année-ci plus hâtive, la vendange s'est effectuée le 4 septembre.

Nous avons consigné dans le tableau A les résultats donnés par chaque carré.

Tableau A.

Numéros des carrés	Fumures employées — Nature des engrais	Poids par hectare (k)	Poids des raisins par hectare (k)	Richesse du moût en sucre	Poids des sarments par hectare (k)	Classement des Carrés d'après le rendement par hectare	d'après la richesse du moût	d'après le poids des sarments
1	Nitrate de soude.........	346 66	7.243 72	21	1.999 84	10	4	2
	Chlorure de potassium...	344 »						
	Superphosphate de chaux.	400 »						
	Plâtre.................	500 »						
2	Nitrate de soude..	346 66	9.985 56	23	2.088 68	2	1	1
	Sulfate de potasse.......	307 14						
	Superphosphate de chaux	400 »						
	Plâtre.................	500 »						
3	Nitrate de soude.........	346 66	10.013 44	22.5	1.999 84	1	2	2
	Carbonate de potasse....	312 72						
	Superphosphate de chaux	400 »						
	Plâtre.................	500 »						
4	Nitrate de potasse........	400 »	9.332 40	22	1.866 48	3	3	3
	Superphosphate de chaux	400 »						
	Plâtre.................	500 »						
5	Sulfate d'ammoniaque . .	260 »	8.800 »	20	1.822 04	6	5	4
	Chlorure de potassium...	344 »						
	Superphosphate de chaux	400 »						
	Plâtre.................	500 »						
6	Sulfate d'ammoniaque. ...	260 »	8.898 »	22.5	1.555 40	4	2	4
	Sulfate de potasse.......	307 14						
	Superphosphate de chaux.	400 »						
	Plâtre.................	500 »						
7	Sulfate d'ammoniaque....	260 »	8.868 »	22.5	1.555 40	5	2	5
	Carbonate de potasse. ...	312 72						
	Superphosphate de chaux	400 »						
	Plâtre..	500 »						
8	Tourteau de sésame.....	800 »	7.910 32	21	1 510 96	9	4	6
	Chlorure de potassium ...	312 »						
	Superphosphate de chaux	376 92						
	Plâtre.....	500 »						
9	Tourteau de sésame......	800 »	7.944 76	23	1.510 96	8	1	6
	Sulfate de potasse	278 57						
	Superphosphate de chaux	276 92						
	Plâtre.................	500 »						
10	Tourteau de sésame......	800 »	8.088 08	22.5	1.466 52	7	2	7
	Carbonate de potasse.....	283 63						
	Superphosphate de chaux.	276 92						
	Plâtre......	500 »						

TABLEAU **A** (*Suite*).

NUMÉROS DES CARRÉS	FUMURES EMPLOYÉES		Poids des raisins par hectare	Richesse du moût en sucre	Poids des sarments par hectare	Classement des Carrés		
	NATURE DES ENGRAIS	Poids par hectare				d'après le rendement par hectare	d'après la richesse du moût	d'après le poids des sarments
		k	k		k			
11	Témoin.	»	4.566 20	23	1.333 20	17	1	10
12	Chlorure de potassium... Superphosphate de chaux. Plâtre..................	314 » 400 » 500 »	6.221 60	22	1.377 64	13	3	8
13	Sulfate de potasse........ Superphosphate de chaux. Plâtre..................	307 14 400 » 500 »	6.719 »	22.5	1.155 41	11	2	13
14	Carbonate de potasse .... Superphosphate de chaux Plâtre	312 72 400 » 500 »	6.555 50	22.50	1.244 32	12	2	12
15	Nitrate de soude.	346 66	6.117 76	22	1.344 40	14	3	9
16	Sulfate d'ammoniaque...	260 »	5.777 20	22	1.377 64	15	3	8
17	Tourteau de sésame......	800 »	6.221 60	22	1.299 83	13	3	11
18	Nitrate de soude......... Chlorure de potassium .. Superphosphate de chaux. Plâtre..................	346 66 344 » 400 » 500 »	6.221 60	21	1.555 40	13	4	5

Par la lecture de ce tableau, l'on voit que c'est l'engrais composé de
nitrate de soude, carbonate de potasse, superphosphate de chaux et
plâtre du carré nº 3 qui occupe le premier rang comme ayant donné les
rendements les plus élevés, et qu'il est suivi de près par la formule
du carré nº 2, composée de nitrate de soude, sulfate de potasse, superphosphate de chaux et plâtre, puis vient la formule nitrate de potasse,
superphosphate de chaux et plâtre du carré nº 4.

Considérons, comme nous l'avons fait les années précédentes, dans le
tableau B, si ce classement restera le même lorsque nous aurons déduit
de la valeur de la récolte celle de l'engrais, ceci étant pour nous le plus
important.

Ce tableau B nous fait arriver le carré nº 2 au premier rang au point
de vue du rendement en argent. Le prix de la fumure a donc mis au
deuxième rang le carré nº 3; le carré nº 4 a conservé le troisième
rang.

Il nous montre aussi que les engrais complets, comparés aux engrais
incomplets, ont triplé la récolte par rapport au témoin, ce qui nous permet par suite de faire ressortir une fois de plus la valeur de la matière
azotée sous forme de nitrate de soude.

Tableau **B.**

NUMÉROS DES CARRÉS	POIDS de LA RÉCOLTE par hectare		VALEUR EN ARGENT de la récolte à 30 fr. les 100 kilos		PRIX de LA FUMURE		REVENU NET par hectare		CLASSEMENT DES CARRÉS	EXCÉDENT EN ARGENT de la RÉCOLTE par rapport au témoin	
	k		fr.		fr.		fr.			fr.	
1	7.243	72	2.173	11	238	71	1.934	40	10	564	54
2	9.985	56	2.995	66	242	51	2.753	15	1	1.383	29
3	10.043	44	3.013	03	312	72	2.700	31	2	1.330	45
4	9.332	40	2.799	72	262	»	2.587	72	3	1.168	86
5	8.860	»	2.658	»	236	12	2.421	88	4	1.052	02
6	8.898	»	2.669	40	249	92	2.419	48	5	1.049	62
7	8.888	»	2.666	40	310	13	2.356	27	6	986	41
8	7.910	32	2.373	09	222	78	2.150	31	8	780	45
9	7.944	76	2.385	28	226	13	2.159	15	7	789	29
10	8.088	08	2.426	42	289	99	2.136	44	9	766	58
11	4.566	20	1.369	86	»		»		18	»	
12	6.221	60	1.866	48	145	12	1.721	36	15	351	50
13	6.749	70	2.015	59	148	92	1.866	67	11	496	81
14	6.555	50	1.966	65	219	13	1.745	52	13	375	66
15	6.117	70	1.835	31	98	59	1.744	72	14	371	86
16	5.777	20	1.733	16	91	»	1.642	16	16	272	30
17	6.221	60	1.866	48	96	»	1.760	48	12	390	62
18	6.221	60	1.866	48	238	71	1.625	77	17	255	91

Enfin, il nous indique que le carré n° 18, fumé au pied des souches, a produit seulement 255 fr. 91 de plus que le témoin, tandis que le carré n° 1, fumé avec le même engrais, mis alors en couverture, a produit 564 fr. 54, toujours de plus que le témoin. Cela n'a pas lieu de nous étonner, ces différences dans la production s'étant montrées pendant toute la durée de nos expériences.

Afin de faire mieux constater l'influence des engrais chimiques, mettons en face dans le tableau C les rendements successifs des années 1890, 1891, 1892, 1893, c'est-à-dire à partir de l'année où ont commencé les expériences.

TABLEAU C.

Numéros des carrés	ANNÉE 1890			ANNÉE 1891			ANNÉE 1892			ANNÉE 1893		
	Rendement par hectare		Richesse du moût en sucre	Rendement par hectare		Richesse du moût en sucre	Rendement par hectare		Richesse du moût en sucre	Rendement par hectare		Richesse du moût en sucre
	Poids des raisins	Poids des sarments		Poids des raisins	Poids des sarments		Poids des raisins	Poids des sarments		Poids des raisins	Poids des sarments	
	k	k		k	k		k	k		k	k	
1	3.333 »	799 92	19 1/4	4.710 64	1.866 48	19 1/2	7.199 28	1.333 20	19	7.243 72	1.999 84	21
2	4.755 »	888 80	22 1/2	4.888 40	2.044 24	20 1/2	9.776 80	1.555 54	22	9.985 56	1.999 84	23
3	5.432 80	911 02	17	4.755 50	1.999 80	21 1/4	9.865 68	1.377 64	19 1/2	10.043 44	2.088 68	22 5
4	5.821 64	888 80	20	3.866 28	1.644 48	20	9.243 52	1.111 »	19 1/2	9.332 40	1.866 48	22
5	4.088 48	844 36	20	3.821 84	1.555 40	18 1/4	8.888 »	1.066 56	21	8.860 »	1.822 04	20
6	3.244 12	937 68	22 1/4	4.088 48	1.688 72	19 1/4	8.221 40	1.022 12	22	8.898 »	1.555 40	22 5
7	2.088 68	799 92	19 1/4	5.332 80	1.555 40	19 1/2	7.877 12	844 36	19	8.888 »	1.555 40	22 5
8	3.552 »	732 28	22 1/4	2.854 16	1.377 64	19 1/4	7.844 76	844 36	17 1/2	7.910 32	1.510 96	21
9	3.955 16	933 24	17	2.666 40	1.288 75	19	8.043 64	1.066 56	17	7.944 76	1.510 96	23
10	4.300 68	902 13	17 1/2	3.199 68	1.733 16	20	8.132 52	933 24	18 1/2	8.088 08	1.466 52	22 5
11	2.522 08	844 36	22 1/2	2.888 60	1.422 08	20	4.932 84	755 48	21	4.566 20	1.333 20	23
12	2.088 68	799 92	20	2.044 24	1.510 96	20	6.808 20	799 92	20	6.221 60	1.377 64	22
13	1.633 28	488 81	21 3/4	1.822 84	1.288 76	19 3/4	5.688 32	844 36	21	6.719 70	1.155 44	22 5
14	2.222 20	675 48	19 1/2	2.710 84	1.377 64	18 3/4	7.800 32	888 80	19	6.555 50	1.244 32	22 5
15	3.644 08	808 80	19	2.888 60	1 466 52	18 1/2	7.667 »	888 80	19	6.117 70	1.344 40	22 5
16	3.244 12	799 92	20	2.399 76	1.466 52	18 1/2	6.799 32	888 80	20	5.777 50	1.377 64	22
17	2.755 28	622 16	19 1/4	2.577 52	1.422 08	18	7.065 96	1.066 56	20	6.221 60	1.299 83	22
18	2.222 20	799 92	20	2.577 52	1.510 96	»	6.399 36	1.066 56	20	6.221 60	1.555 40	21

Les rendements ainsi exposés nous montrent que, pendant les quatre années, les engrais complets viennent toujours en première ligne, et qu'il y a une progression croissante dans les récoltes obtenues. Nous pensons que les résultats de cette année-ci auraient été encore plus élevés sans la sécheresse persistante que nous avons eue.

Mais dans ces engrais complets, il faut faire un choix; examinons donc lequel d'entre eux s'est révélé supérieur.

En 1890, c'est la formule du carré n° 4, composée de nitrate de potasse, de superphosphate de chaux et de plâtre, qui a produit le plus; en 1891, elle n'occupe que le sixième rang; en 1892, le troisième, ainsi que cette année.

En 1891, le premier rang est occupé par le carré n° 7, fumé avec du sulfate d'ammoniaque, du carbonate de potasse, du superphosphate de chaux et du plâtre. Ce carré occupé le quatorzième rang en 1890; en 1892, le huitième, et cette année le cinquième.

En 1892, c'est le carré n° 3, fumé avec du nitrate de soude, du carbonate de potasse, de superphosphate de chaux et du plâtre qui vient en tête; en 1890, ce carré venait au deuxième rang, en 1891 au troisième et cette année il revient encore au premier rang.

Ce classement, établi d'après le rendement en poids de la récolte, est modifié de la manière suivante lorsque l'on tient compte du prix de la fumure et que l'on compare le revenu en argent par hectare.

En 1890, le carré n° 4 arrive en tête, en 1891, il occupe le septième rang, en 1892 le troisième, de même en 1893.

En 1891, le premier rang est occupé par le carré n° 7, qui en 1890 était placé au dix-huitième rang, en 1892 au onzième et en 1893 au sixième.

En 1892 c'est la fumure du carré n° 2, composée de nitrate de soude, sulfate de potasse, superphosphate de chaux et plâtre, qui vient en tête; en 1890, ce carré occupe le troisième rang, en 1891 le deuxième, et cette année-ci il occupe encore le premier rang.

Ce carré, comme le carré n° 3, se maintient dans les premiers rangs. et il est essentiel de remarquer que leur composition ne diffère que par la forme dont la potasse est appliquée.

Au point de vue la richesse du moût en sucre, nous remarquons que, bien que le poids de la récolte soit chaque année augmenté, le degré en sucre n'a pas diminué, ce qui nous démontre bien que certains sels chimiques, tout en élevant la production, ne diminuent pas la richesse du moût en sucre.

Le carré n° 2 occupe cette année le premier rang; en 1890 il occupait le deuxième, et en 1891 et 1892 de nouveau le premier.

Le poids des sarments, malgré la sécheresse, est plus élevé que celui de l'année dernière, c'est encore le carré n° 2 qui occupe cette année le premier rang.

De l'ensemble de ces expériences nous pouvons conclure :

1° Que dans les terrains comparables à celui de notre champ, les engrais complets s'imposent ;

2° Que la matière azotée sous forme de nitrate de soude devra être choisie de préférence ;

3° Que, quoique la potasse ait produit les meilleurs effets sous forme de carbonate de potasse, pour ce qui concerne la production, l'on doit préférer le sulfate de potasse, qui a déterminé les plus beaux rendements en argent, le degré en sucre le plus élevé, et le plus de sarments ;

4° Que la formule qui, par conséquent, devra avoir cours, sera composée de :

> Nitrate de soude,
> Sulfate de potasse,
> Superphosphate de chaux,
> Plâtre,

qui a fait réaliser le plus grand bénéfice et a fait produire le plus d'alcool et le plus de sarments.

Champ d'expériences du Bois-des-Dames

Directeur : M. Aucompte, propriétaire.

Les expériences de cette année ont été totalement compromises par la sécheresse, ce qui fait que nous ne pouvons donner les conclusions que de trois années.

Ces conclusions se résument de la manière suivante :

1° Que l'azote, sous forme de nitrate de soude, a donné les rendements les plus élevés comme argent ;

2° Que la potasse a donné les meilleurs résultats, sous forme de sulfate de potasse, non seulement au point de vue du rendement en argent mais aussi à celui du poids des sarments et de la richesse en sucre du moût ;

3° Que c'est à l'engrais complet composé de :

> Nitrate de soude,
> Sulfate de potasse,
> Superphosphate de chaux,
> Plâtre,

qu'on devra donner la préférence.

Ces conclusions sont exactement les mêmes que celles du champ de Lafajou déjà cité, ce qui ne donne que plus de valeur à ces résultats au point de vue pratique, puisque nous avions affaire à des terrains de même origine et de composition physique et chimique presque identiques.

Champ d'expériences de la Condamine

Directeur : M. Ricard, propriétaire.

Les engrais ont été répandus le 2 mars en couverture, sauf dans le carré n° 18, où nous avons mis la même formule qu'au carré n° 2 au pied des souches.

Pendant la végétation, trois soufrages ont été faits régulièrement, de même il a été opéré cinq traitements contre le mildiou, avec l'appareil Vigouroux à grand travail. Formule employée :

> Sulfate de cuivre .... 1 k. 5
> Chaux. 1   5
> Mélasse 1   5
> Eau........................ 100 litres.

Le tableau D donne les formules d'engrais et les rendements obtenus par carré.

Tableau **D.**

NUMÉROS DES CARRÉS	NATURE DES ENGRAIS	POIDS par hectare		POIDS des raisins par hectare	CLASSEMENT des carrés d'après le poids des raisins
		k		k	
1	Nitrate de soude............	200	»	18.300	1
	Chlorure de potassium......	193	40		
	Superphosphate de chaux....	200	04		
	Plâtre....................	300	»		
2	Nitrate de soude............	200	»	17.550	3
	Sulfate de potasse..........	177	17		
	Superphosphate de chaux....	200	»		
	Plâtre....................	300	»		
3	Nitrate de soude............	200	»	17.800	2
	Carbonate de potasse.......	180	40		
	Superphosphate de chaux...	200	»		
	Plâtre.....................	300	»		
4	Nitrate de potasse..........	230	76	16.200	5
	Superphosphate de chaux....	200	»		
	Plâtre....................	200	»		
5	Sulfate d'ammoniaque......	150	»	15.600	7
	Chlorure de potassium......	198	44		
	Superphosphate de chaux....	200	»		
	Plâtre....................	300	»		
6	Sulfate d'ammoniaque......	150	»	14.250	9
	Sulfate de potasse..........	177	17		
	Superphosphate de chaux...	200	»		
	Plâtre....................	300	»		
7	Sulfate d'ammoniaque......	150	»	13.400	13
	Carbonate de potasse.......	180	40		
	Superphosphate de chaux....	200	»		
	Plâtre....................	300	»		
8	Tourteau de sésame	461	54	13.650	12
	Chlorure de potassium......	140	»		
	Superphosphate de chaux...	124	46		
	Plâtre....................	300	»		
9	Tourteau de sésame........	461	54	13.100	14
	Sulfate de potasse..........	160	71		
	Superphosphate de chaux...	124	46		
	Plâtre....................	300	»		

Tableau **D** *(Suite)*.

NUMÉROS DES CARRÉS	FUMURES EMPLOYÉES		POIDS des raisins par hectare	CLASSEMENT des carrés d'après le poids des raisins
	NATURE DES ENGRAIS	POIDS par hectare		
		k	k	
10	Tourteau de sésame.........	461 54	14.550	8
	Carbonate de potasse.... ...	163 53		
	Superphosphate de chaux...	124 46		
	Plâtre......	300 »		
11	Chlorure de potassium......	198 44	15.750	6
	Superphosphate de chaux...	200 »		
	Plâtre....................	300 »		
12	Sulfate de potasse..........	177 17	16.350	4
	Superphosphate de chaux...	200 »		
	Plâtre....................	300 »		
13	Carbonate de potasse......	180 40	13.950	11
	Superphosphate de chaux..	200 »		
	Plâtre....................	300 »		
14	Nitrate de soude...........	200 »	13.400	13
15	Sulfate d'ammoniaque......	150 »	14.100	10
16	Tourteau de sésame........	461 54	12.850	15
17	Témoin....................	»	12.400	17
18	Nitrate de soude...........	200 »	12.550	16
	Sulfate de potasse.........	177 17		
	Superphosphate de chaux....	200 »		
	Plâtre....................	300 »		

Ce tableau nous indique que c'est le carré n° 1, fumé avec du nitrate de soude, du chlorure de potassium, du superphosphate de chaux et du plâtre, qui arrive au premier rang. Il est suivi de près par le carré n° 3, fumé avec du nitrate de soude, du carbonate de potasse, du superphosphate de chaux et du plâtre, et par le carré n° 2, fumé avec du nitrate de soude, du sulfate de potasse, du superphosphate de chaux et du plâtre.

Notons, en passant, que cette dernière fumure mise en couverture dans le carré n° 2 a produit 17,530 kilos de raisins, tandis que mise au pied des souches dans le carré n° 18 elle n'a produit que 12.550 kilos.

Cette année, ce sont donc encore les engrais complets qui arrivent en tête des rendements.

Considérons dès à présent dans le tableau E si le prix de la fumure apportera une modification dans ce premier classement.

TABLEAU E.

NUMÉROS des carrés	POIDS de la récolte par hectare	VALEUR en argent de la récolte à 15 fr. les 100 kil.	PRIX de la fumure	REVENU net par hectare	CLASSEMENT des carrés	EXCÉDENT en argent de la récolte par rapport au témoin
	k.	fr.	fr.	fr.		fr.
1	18.300	2.745 »	135 64	2 609 36	1	649 36
2	17.550	2.632 50	137 83	2.594 67	2	634 67
3	17.800	2.670 »	178 39	2.591 61	3	631 61
4	16.200	2.430 »	149 07	2.280 93	5	320 93
5	15.600	2.340 »	134 14	2.105 86	7	145 86
6	14.250	2.137 50	136 33	2.001 17	9	41 17
7	13.400	2.010 »	176 89	1.833 11	16	— 26 89
8	13.650	2.047 50	116 78	1.930 70	13	— 29 28
9	13.100	1.965 »	127 97	1.737 03	17	122 97
10	14.550	2.182 50	164 75	2.017 75	8	57 75
11	15.750	2.362 50	81 64	2.280 86	6	320 86
12	16.350	2.452 50	83 83	2.368 67	4	408 67
13	13.950	2.092 50	124 39	1.868 11	15	— 91 89
14	13.400	2.010 »	54 »	1.956 »	12	— 4 »
15	14.100	2.010 »	52 50	1.957 50	11	— 2 50
16	12.850	1.927 50	55 83	1.871 67	14	— 88 33
17	12.400	1.960 »	» »	1.960 »	10	» »
18	12.550	1.882 50	137 83	1.644 67	18	— 215 33

Nous voyons que le carré n° 1 reste en tête, tandis que le n° 3, qui occupait le deuxième rang, occupe maintenant le troisième et est remplacé par le carré n° 2 ; en quatrième ligne vient le carré n° 12 et en cinquième le carré n° 4.

Maintenant nous allons mettre en regard les rendements des quatre années dans le tableau F.

Tableau **F**.

Numéros des carrés	ANNÉE 1890		ANNÉE 1891		ANNÉE 1892		ANNÉE 1893	
	Rendement par hectare		Rendement par hectare		Rendement par hectare		Rendement par hectare	
	Poids des raisins	Poids des sarments	Poids des raisins	Poids des sarments	Poids des raisins	Poids des sarments	Poids des raisins	Poids des sarments
	k	k	k	k	k	k	k	k
1	6.100	3.250	12.700	»	12.250	2.888 60	18.300	2.350
2	7.400	2.950	12.200	»	15.706	2.799 72	17.550	2.350
3	6.900	2.900	12.250	»	9.850	3.110 80	17.800	2.150
4	6.300	2.350	8.600	»	14.600	3.066 36	16.200	1.800
5	5.900	3.200	10.000	»	15.650	2.310 88	15.600	1.650
6	6.300	2.750	7.600	»	15.750	3.555 20	14.250	1.500
7	6.500	2.600	11.500	»	15.515	3.110 80	13.400	1.500
8	»	2.500	12.100	»	15.400	2.755 48	13.650	1.800
9	»	2.250	10.750	»	14.000	3.110 80	13.100	1.750
10	»	3.500	12.350	»	10.200	3.110 80	14.550	2.400
11	»	3.300	11.200	»	12.550	2.755 28	15.750	2.100
12	»	2.600	12.500	»	11.550	2.888 60	16.350	2.150
13	»	2.900	11.100	»	9.650	2.222 »	13.950	2.350
14	»	2.700	11.250	»	9.800	2 310 88	13.400	1.400
15	»	2.950	11.700	»	9.300	3.110 80	14.100	1.400
16	»	2.400	9.500	»	7.000	2.757 28	12.850	1.650
17	»	2.900	11.500	»	10.600	2.222 »	12.400	1.850
18	»	2.450	11.250	»	14.300	3.089 68	12.550	1.650

L'inspection de ce tableau nous prouve que ce sont les engrais complets qui arrivent à donner les meilleurs rendements. Cependant, par suite de la richesse du sol, l'influence de la matière azotée est moins manifeste que dans les sols de nos premiers champs d'expériences : ainsi nous voyons le carré n° 12, fumé seulement avec du sulfate de potasse, du superphosphate de chaux et du plâtre, ayant nécessité une avance d'argent de 83 fr. 85, produire 16.350 kilos, et le même engrais avec adjonction de nitrate de soude dans le carré n° 2 donner 17,550 kilos, mais avec une dépense de 137 fr. 83. On a de la sorte un surplus de rendement de 1,900 kilos d'une valeur de 95 fr. ; si d'un autre côté, nous faisons la différence du prix des deux fumures, nous trouvons qu'elle est de 54 francs, ce qui nous diminue d'autant le revenu, soit 95-54 = 41 fr.

Ce calcul pourrait faire admettre les engrais incomplets, vu la faible avance que l'on fait au sol et si l'on considère les pertes de récoltes qui peuvent résulter des gelées ou de la grêle. Toutefois, dans les sols comparables à celui-ci au point de vue de la proportion de la matière azotée, l'on ne doit pas hésiter à apporter l'engrais complet, car la vigne exigeant pour une récolte de 50 hectolitres de vin 38 kilos 50 d'azote, finirait bien vite par épuiser cette réserve. Ce ne devra être que dans les sols très riches en matières azotées, où la végétation est exubérante, que l'on pourra faire usage des engrais incomplets

De nos observations dans ce champ nous pouvons conclure :

1° Que le nitrate de soude a donné les meilleurs résultats comme matière azotée ;

2° Qu'il y a intérêt à mettre la potasse sous forme de sulfate de potasse ;

3° Que c'est l'engrais complet qui se comporte le mieux, composé de :
  Nitrate de soude,
  Sulfate de potasse,
  Superphosphate de chaux,
  Plâtre.

Champ d'expériences de la terre Beauvoir

Directeur : M. RICARD, propriétaire.

Les engrais ont été répandus le 3 mars en couverture, sauf dans le carré n° 18 où le même engrais que celui du n° 3 a été mis au pied des souches.

Cette année, trois soufrages ont été opérés, ainsi que cinq traitements à la bouillie bordelaise à la formule de 1 k. 5 sulfate de cuivre et autant de mélasse et de chaux pour 100 litres d'eau.

Les résultats obtenus sont consignés dans le tableau I.

TABLEAU **I.**

NUMÉROS DES CARRÉS	NATURE DES ENGRAIS	Poids par hectare	Poids des raisins par hectare	Classement des carrés
		k		
1	Nitrate de soude.........	246 20	18.575 92	13
	Chlorure de potassium...	244 42		
	Superphosphate de chaux.	333 30		
	Plâtre................ .	444 40		
2	Nitrate de soude..	246 20	21.853 30	5
	Sulfate de potasse.......	217 76		
	Superphosphate de chaux.	333 30		
	Plâtre.................	444 40		
3	Nitrate de soude......,.	246 20	25.430 80	1
	Carbonate de potasse.. ..	222 20		
	Superphosphate de chaux	333 30		
	Plâtre................	444 40		
4	Nitrate de potasse........	283 97	16.531 68	18
	Superphosphate de chaux	333 30		
	Plâtre................ ..	444 40		
5	Sulfate d'ammoniaque . .	184 82	24.042 04	4
	Chlorure de potassium...	244 42		
	Superphosphate de chaux	333 35		
	Plâtre...	444 40		
6	Sulfate d'ammoniaque...	184 82	25.004 16	3
	Sulfate de potasse.......	217 76		
	Superphosphate de chaux.	333 30		
	Plâtre................ ...	444 40		
7	Sulfate d'ammoniaque....	184 82	20 353 52	9
	Carbonate de potasse.....	222 20		
	Superphosphate de chaux	333 30		
	Plâtre..	444 40		
8	Tourteau de sésame.... .	567 04	17 864 88	16
	Chlorure de potassium ...	222 20		
	Superphosphate de chaux	245 75		
	Plâtre................	444 40		
9	Tourteau de sésame......	567 04	19.375 84	11
	Sulfate de potasse	198 37		
	Superphosphate de chaux	245 75		
	Plâtre................ ...	444 40		
10	Tourteau de sésame......	567 94	18.064 80	12
	Carbonate de potasse.....	202 20		
	Superphosphate de chaux.	345 75		
	Plâtre......	444 40		

TABLEAU I (Suite).

NUMÉROS DES CARRÉS	FUMURES EMPLOYÉES		Poids des raisins par hectare	Classement des carrés
	NATURE DES ENGRAIS	Poids par hectare		
		k		
11	Témoin.	»	17.075 »	17
12	Chlorure de potassium... Superphosphate de chaux.	244 42 385 30	21.286 76	8
13	Sulfate de potasse........ Superphosphate de chaux.	217 76 333 30	21.686 72	6
14	Carbonate de potasse .... Superphosphate de chaux	222 20 333 30	19.598 04	10
15	Nitrate de soude.	246 20	18.042 64	14
16	Sulfate d'ammoniaque...	184 82	21.853 33	5
17	Tourteau de sésame......	567 94	21.553 40	7
18	Nitrate de soude......... Carbonate de potasse .... Superphosphate de chaux. Plâtre..................	246 20 222 20 333 50 444 40	25.240 92	2

D'après ce tableau, la formule qui aurait donné le rendement le plus élevé serait celle du carré n° 3, composée de nitrate de soude, de carbonate de potasse, de superphosphate de chaux et de plâtre ; puis vient celle du carré n° 18 fumé au pied des souches avec le même engrais ; au troisième rang, arrive le carré n° 6, fumé avec du sulfate d'ammoniaque, du sulfate de potasse, du superphosphate de chaux et du plâtre.

Ce classement attribue aux engrais complets les plus beaux rendements, il reste à considérer si le prix de la fumure fera varier le premier classement ; c'est ce que va nous apprendre le tableau L.

TABLEAU **L**.

NUMÉROS DES CARRÉS	POIDS de LA RÉCOLTE par hectare		VALEUR EN ARGENT de la récolte à 15 fr. les 100 kilos		PRIX de LA FUMURE		REVENU NET par hectare		CLASSEMENT DES CARRÉS	EXCÉDENT EN ARGENT de la RÉCOLTE par rapport au témoin	
	k		fr.		fr.		fr.			fr.	
1	18.575	92	2.786	38	179	32	2.607	06	14	45	94
2	21.853	30	3.277	90	181	91	3.085	99	9	524	87
3	25.430	80	3.811	62	231	99	3.582	63	1	1.021	51
4	16.531	68	2.479	75	195	79	2.283	96	18	277	16
5	24.042	04	3.606	30	177	54	3.428	76	4	867	64
6	25.004	16	3.750	61	180	12	3.573	07	2	1.011	95
7	20.353	52	3.053	02	230	20	2.822	82	11	261	70
8	17.864	88	2.679	73	169	02	2.510	71	17	50	41
9	19.375	84	2.906	37	170	46	2.875	91	10	314	79
10	18.664	80	2.799	72	215	99	2.583	73	15	22	61
11	17 075	»	2.561	12		»	2.561	12	16	»	
12	21.286	76	3.193	»	86	20	3.106	80	8	545	68
13	21.686	72	3.253	»	88	78	3.164	22	7	603	10
14	19.598	04	2.939	70	138	67	2.801	03	12	239	91
15	18.052	64	2.706	39	66	68	2.639	71	13	78	59
16	21.853	33	3.277	99	64	65	3.213	34	5	652	22
17	21.553	40	3.233	99	68	15	3.165	84	6	604	72
18	25.240	92	3.786	13	231	99	3.554	14	3	993	04

Le carré n° 3 occupe de nouveau le premier rang , tandis que le deuxième est occupé par le carré n° 6 ; il a donc changé de place avec le carré n° 18 qui se trouve au troisième rang.

Comparons les rendements de chaque année dans le tableau **M**.

Tableau **M.**

Numéros des carrés	ANNÉE 1890		ANNÉE 1891		ANNÉE 1892		ANNÉE 1893	
	Rendement par hectare		Rendement par hectare		Rendement par hectare		Rendement par hectare	
	Poids des raisins	Poids des sarments	Poids des raisins	Poids des sarments	Poids des raisins	Poids des sarments	Poids des raisins	Poids des sarments
	k	k	k	k	k	k	k	k
1	»	3.866 28	11.154 44	»	21.597 84	2.888 60	18.575 92	2.750
2	»	4.177 35	10.798 92	»	18.398 16	2.799 72	17.887 42	2.330
3	»	3.732 96	11.554 55	»	21.508 96	3.110 80	25.333 89	2.330
4	»	3.821 84	19.487 84	»	19.864 68	3.066 36	16.531 68	1.970
5	»	3.176 50	8.976 88	»	16.887 20	2.310 88	24.042 04	2.100
6	»	3.732 93	10.065 76	»	20.486 84	3.550 20	25.004 16	2.600
7	»	3.732 96	10.065 76	»	16.363 92	3.110 80	20.353 52	2.150
8	»	3.333 »	7.777 »	»	17.242 72	2.977 48	17.864 88	2.650
9	»	3.333 »	7.733 »	»	21.753 48	3.110 80	19.375 84	2.390
10	»	3.467 73	7.643 63	»	17.420 48	3.110 80	18.664 80	2.150
11	»	3.777 40	8.838 »	»	17.453 84	2.755 28	17.025 »	1.950
12	»	2.888 60	6.754 88	»	17.409 40	2.888 60	21.286 76	1.850
13	»	3.732 95	6.843 76	»	20.072 44	2.222 »	21.686 72	1.850
14	»	3.044 08	6.710 46	»	14.665 20	2.310 88	19.598 04	2.350
15	»	3.333 »	7.199 28	»	18.620 50	3.410 80	18.042 64	2.250
16	»	3.999 60	6.266 04	»	14.576 92	2.755 28	21.853 33	2.250
17	»	3.066 30	6.754 88	»	12.887 60	2.222 »	21.553 40	2.700
18	»	3.066 30	7.777 »	»	22.053 22	3.089 68	25.240 92	2.100

L'engrais complet arrive en tête chaque année pour ce qui regarde les rendements : en 1891, c'est le carré n° 3 qui occupe le premier rang ; en 1892 il est au quatrième rang, et en 1893 il revient au premier.

En 1892, c'est le carré n° 18 qui tient le premier rang, tandis qu'en 1891 il était au huitième, et en 1893 il arrive au deuxième.

En 1893, subsiste le même classement que nous avons indiqué pour 1891.

En résumé, c'est la formule composée de nitrate de soude, carbonate de potasse, superphosphate de chaux et plâtre qui s'est le mieux comportée.

Voyons maintenant pour ce qui concerne le revenu en argent par hectare.

En 1891, la formule n° 3 vient en première ligne, en 1892 en deuxième, et en 1893 de nouveau en première ligne.

En 1892, le carré n° 9 arrive en tête, en 1891 il est au septième rang et en 1893 au neuvième.

En 1893, même classement qu'en 1891.

Ce qui nous amène à conclure :

1° Que le nitrate de soude et le sulfate d'ammoniaque également ont procuré les rendements les plus élevés, soit au point de vue des raisins, soit à celui de l'argent ;

2° Que le carbonate de potasse arrive en tête comme sel de potasse au point de vue de la production et du revenu en argent ;

3° Que l'engrais complet qui a produit le plus de résultat est composé de :

> Nitrate de soude,
> Carbonate de potasse,
> Superphosphate de chaux,
> Plâtre.

Toutefois nous ne le conseillerons pas ne voulant pas faire engager un capital supérieur pour aboutir simplement à une minime différence dans le revenu ; nous nous arrêterons à la formule du carré n° 6, formée de :

> Sulfate d'ammoniaque,
> Sulfate de potasse,
> Superphosphate de chaux,
> Plâtre.

Champ d'expériences de la Rouvière

Directeur : M. DE CASTELJAU.

Dans nos champs d'expériences créés en 1890, que nous venons d'énumérer, nous n'avions pu faire des observations sur l'efficacité du plâtre, puisque nous l'avions incorporé dans toutes les formules d'engrais sans conserver de carrés témoins. Nous avons remédié à cela en établissant depuis trois ans un champ d'expériences dans le domaine de la Rouvière, appartenant à M. de Casteljau.

Les résultats que nous avons obtenus pendant les trois ans nous ont permis de tirer les conclusions suivantes, savoir :

1° Que, vu la richesse du sol en azote, le nitrate de soude a donné de la végétation au détriment de la fructification ;

2° Que c'est l'azote sous forme de sulfate d'ammoniaque qui a donné les meilleurs résultats comme rendement en argent ;

3° Que l'acide phosphorique sous forme de superphosphate de chaux a produit d'excellents effets ;

4° Que la potasse n'a donné que peu de résultats, et cela probablement par suite de la richesse du sol en cet élément ;

5° Que le plâtre mis seul a élevé les rendements ; il doit par conséquent être conseillé comme adjuvant précieux des engrais.

Son action peut être expliquée, il nous semble, en ce qu'il permet une nitrification plus active des matières organiques, transforme les sels de potasse insolubles en sulfate de potasse et apporte au sol du soufre et de la chaux.

CONCLUSIONS GÉNÉRALES

De tout ce qui vient d'être exposé nous pouvons nous arrêter aux conclusions générales suivantes :

Pour ce qui concerne la matière azotée.

Le nitrate de soude devra être préféré dans les terrains appartenant au diluvium alpin, appelés dans le département terrains de garrigues, pauvres en azote, tandis que dans les mêmes terrains, mais riches en cet élément, on devra recourir au sulfate d'ammoniaque ou aux tourteaux, dans ces sortes de sols le nitrate de soude en excès donnant trop de végétation au détriment de la fructification.

Dans les alluvions du Rhône ces deux sels peuvent être indifféremment employés, nous ayant donné de semblables résultats.

Pour ce qui concerne la potasse.

Le carbonate de potasse amène les rendements les plus élevés ; mais, vu le prix de ce sel, c'est le sulfate de potasse qui procure les revenus en argent les plus rémunérateurs, et cela dans les deux natures de terrains en expériences ; en outre , ce sel accuse une plus grande richesse en sucre.

Pour ce qui concerne l'acide phosphorique.

L'acide phosphorique du superphosphate de chaux exerce une influence manifeste sur les rendements, ainsi que sur le bon aoûtement du bois (1).

Pour ce qui concerne le plâtre.

Le plâtre sera employé avec avantage dans les formules d'engrais à cause de son action complexe sur les sols.

Pour ce qui a trait à la composition de l'engrais.

La préférence devra être donnée à l'engrais complet, sauf cependant dans les terrains très riches en un ou plusieurs éléments, azote, potasse et acide phosphorique, auquel cas on pourra faire usage d'engrais incomplets.

Enfin, nous conseillons aux agriculteurs de préparer leur engrais eux-mêmes, ils n'ont pour cela qu'à faire leur achat des matières premières, et afin de se les procurer dans d'excellentes conditions de pureté et de prix, s'affilier à un syndicat.

Les sels une fois en leur possession, s'ils ne doivent pas être employés aussitôt, seront mis dans des locaux non humides et déposés sur des planches ou sur de la paille. Ce n'est qu'au moment de leur emploi que leur mélange devra être fait, sachant que, si, par exemple, on mettait en contact les nitrates avec les superphosphates de chaux quelque temps à l'avance, il y aurait dégagement d'azote.

Ce mélange doit être fait aussi intimement que possible ; pour cela, on réduira les sels en poudre au moyen d'une damejeanne sur un sol bétonné ou pavé, ensuite on les brassera ensemble jusqu'à ce que la masse soit bien homogène.

Nous préconisons d'employer les engrais chimiques en deux fois : en novembre et décembre répandre le mélange renfermant la potasse et l'acide phosphorique, afin que ces sels puissent aller assez profondé-

---

(1) Cette dernière opinion est formulée d'après une expérience tentée sur une pépinière que je fis diviser en deux parties : dans la première il fut mis du tourteau seul, et dans la deuxième du tourteau mélangé au superphosphate de chaux. Le bois de la première partie fut bien compromis par les froids d'hiver, tandis que celui de la deuxième partie fut intact.

ment avec les eaux de pluie, sans crainte qu'ils soient jamais entraînés, étant retenus par le pouvoir absorbant des sols, il n'en serait pas de même du nitrate de soude et du sulfate d'ammoniaque ; c'est pourquoi ils seront mélangés au plâtre et mis fin février, commencement mars.

Nos expériences montrent d'une manière tout à fait évidente que les engrais chimiques doivent être répandus pour les vignes en pleine production en couverture et enterrés par un labour. Cependant pour les plantiers nous préférons mettre l'engrais au pied des souches, les racines n'ayant pas encore pris possession du sol. Ce qui fait que l'engrais ainsi réparti sera mieux utilisé dans les deux cas.

Une autre observation de la plus haute importance pour le viticulteur c'est que les engrais chimiques rationnellement employés tout en élevant la production ne diminuent pas la richesse en sucre du moût, au contraire, ils l'augmentent.

Quant à la quantité de matières à apporter sur chaque sol, c'est sa teneur en principes fertilisants qui devra guider l'agriculteur.

Nous avons donc il nous semble bien résolu la question que nous avions énoncée au commencement de notre étude et qui résumait notre but : *quelles sont les matières chimiques qui donnent les meilleurs résultats pour la culture de la vigne dans différents sols du département, et sous quelle forme faut-il les employer.*

Qu'il me soit permis, en terminant, d'adresser mes meilleurs remerciements aux directeurs des champs d'expériences, qui n'ont rien épargné pour me seconder, à la Société d'agriculture pour m'avoir aidé à faire ces recherches, en m'assurant chaque année une partie de la subvention qui lui est accordée par le Gouvernement de la République, que nous ne saurions non plus oublier.

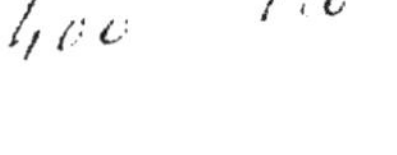